职场女性：
别让这些细节绊住你

［美］洛伊斯·弗兰克尔 著
Lois P. Frankel, PhD

杨铭 译

NICE GIRLS
DON'T GET THE CORNER
OFFICE

UNCONSCIOUS MISTAKES WOMEN
MAKE THAT SABOTAGE THEIR CAREERS

中央编译出版社
Central Compilation & Translation Press

图书在版编目（CIP）数据

职场女性：别让这些细节绊住你/（美）洛伊斯·弗兰克尔著；杨铭译. -- 北京：中央编译出版社，2022.7（2023.5 重印）

ISBN 978-7-5117-4167-7

Ⅰ.①职… Ⅱ.①洛…②杨… Ⅲ.①女性—成功心理—通俗读物 Ⅳ.① B848.4-49

中国版本图书馆 CIP 数据核字（2022）第 070647 号

Nice Girls Don't Get the Corner Office:
Unconscious Mistakes Women Make That Sabotage Their Careers
Copyright © 2014 by Lois P. Frankel, PhD
This edition published by arrangement with Grand Central Publishing,
New York, New York, USA.
All rights reserved.

北京市版权局著作权合作登记图字：01-2021-4461

本书译文由电子工业出版社有限公司授权使用。

职场女性：别让这些细节绊住你

责任编辑	李媛媛
责任印制	刘　慧
出版发行	中央编译出版社
地　　址	北京市海淀区北四环西路 69 号（100080）
电　　话	（010）55627391（总编室）　（010）55627319（编辑室） （010）55627320（发行部）　（010）55627377（新技术部）
经　　销	全国新华书店
印　　刷	河北鹏润印刷有限公司
开　　本	710 毫米 ×1000 毫米　1/16
字　　数	180 千字
印　　张	20
版　　次	2022 年 7 月第 1 版
印　　次	2023 年 5 月第 4 次印刷
定　　价	49.80 元

新浪微博：@中央编译出版社　　　微　信：中央编译出版社（ID：cctphome）
淘宝店铺：中央编译出版社直销店（http://shop108367160.taobao.com）（010）55627331

本社常年法律顾问：北京市吴栾赵阎律师事务所律师　闫军　梁勤
凡有印装质量问题，本社负责调换，电话：（010）55626985

赞 誉

很好的建议……对男人和女人都适用。

——《纽约时报》

通过这本书找到那些损害你职业生涯的错误，让自己走上职业高点。

——《完美女人》

女性朋友们，请按照这本重要的书中的建议去做吧，你将会在事业中更受钦佩、尊重和重视。这本书将帮助你变得自信、负责、勇敢、成熟，并熟练掌握重要的人际交往技巧。

——劳拉·施莱辛格博士（Dr. Laura Schlessinger）

无论你是初入职场，还是已经在你的公司占据了一个好位置，你都需要知道或许有一些职场错误正在影响或损害你的事业和生活。当你阅读这本书时，你会立刻认出自己的一些错误，而洛伊斯会给你提供如何避免这些错误的常识性解决方案。

——卡伦·费尔曼（Karen Finerman），大都会资本顾问公司首席执行官，CNBC 的女主席，《费尔曼规则》的作者这本书的每一页描写的都是你或你的某位朋友每天都在做的事情……一本简单、快速的指南,让我们成为坚强、果敢的女性。

——盖尔·埃文斯(Gail Evans),
《她赢,你赢》和《像男人一样玩,像女人一样赢》的作者

一本直言不讳的职业入门书,帮助我们消除那些阻碍我们职业发展的习惯。

——《精英》

对于任何一个想要获得成功的女性来说,这都是一本必读书。按照洛伊斯·弗兰克尔的建议,你一定会避开女性在事业上经常遇到的陷阱。

——芭芭拉·斯坦尼(Barbara Stanny),
《六位数女性的秘密》和《战胜收入不足》的作者

太棒了……一个极好的学习工具,怎么推荐都不为过。

——《金斯顿观察家》

一本非常有智慧的书……一看就知,这些技巧能够帮助你在事业上取得成功。

——《她生活》

洛伊斯·弗兰克尔博士的建议对于任何想要在"粉色细线"上,也就是女性在工作场所可接受行为的狭窄范围内保持平衡的女性来说都至关重要。千万不要错过!

——卡罗尔·弗罗林格(Carol Frohlinger),
谈判女性公司负责人,《她在谈判桌上的位置》的作者之一

游戏规则的改变者。这本书是事业成功的蓝图,更重要的是,它能帮助你反省自己的事业。

——珍·海丽(Jen Haley),彭博美国电视台协调制片人

这是每一个女人(不管是天后还是邻家女孩)的案头书。就像美酒一样,随着时间推移,它会越来越显出自己的价值。

——乔什·伯曼(Josh Berman),《美女上错身》创作者

前言

避开职场陷阱,你可以更成功

自从《职场女性:别让这些细节绊住你》第一版问世以来,美国选举产生了第一位非洲裔美籍总统;世界引入了社交网络的理念;婴儿潮期间出生的人大批大批地淡出了工作圈……

尽管世界发生了翻天覆地的变化,妇女进步却仍旧相对平缓。不可否认,虽然有了些许的进步,但是步伐迟滞,广大女性的境遇改变甚微,令人沮丧。

截至我写这本书的时候:

- 财富500强的CEO中,女性的比例是3.8%。
- 全球范围内,有8%的高管由女性担任。
- 美国国会议员中,女性的比例占到23.7%。
- 全球有20位国家元首是女性。
- 全球有20.3%的女性当选为国会议员(北欧国家的女性更加风光,占到了40%!)。
- 男女收入差异在全球范围内不尽相同。日本和韩国差异最大,日本女性的收入仅占男性的28%,韩国是39%;匈牙利的差异最小,男女收入比例仅差4%。

- 平均来看，在美国做同一工种的白人女性能拿到的报酬是男性的77%，而非洲裔美籍女性只能拿到69%，拉丁裔女性则为58%。
- 大学毕业一年内，女性的薪酬比同时毕业的男性低8%，到职业生涯中期，这一差距将超过20%。

老实说，我真心希望我不需要在第一版出版十周年之际来更新和修改这本书——这倒不是因为我有更好的事情可做，也不是我不想花这个时间，而是我希望没有这个必要。我原本希望在第一版出版后的这十年里，女性在工作、政治和家庭生活中的地位都有巨大的进步。然而在很多情况下，女性打破了玻璃天花板，上面却还有一间玻璃的树屋——里面住的都是公司的上层高管。

虽然有一些让人瞩目的特例（比如雅虎 CEO 玛丽莎·梅耶尔，IMF 总裁克里斯蒂娜·拉加德，脸书 CEO 雪莉·桑德伯格，百事 CEO 卢英德，eBay CEO 梅格·惠特曼），但是绝大多数女性都被排挤在了外面。虽然研究机构 Catalyst 和咨询公司麦肯锡给出的数据表明：让更多女性担任领导职务与强劲的财政收入之间有密切的关系，但是这种排挤仍旧存在。

如果你不相信这些数字，而认定当今社会是在弘扬女性平等的理念，那我可以给你分享几位女性的意见——她们像你一样，来自全球的各个角落——让你打消这一念头。在《职场女性：别让这些细节绊住你》第一版问世后，这些女性都读过了这本书，然后写信给我或者登门跟我讨论。

- 来自科罗拉多的珍妮丝说，她经常给四岁的女儿灌输一种观念，"你跟别人没有什么两样"，而且总是给女儿穿球鞋和吊带工装裤，这样她的女儿在操场上跑啊跳啊或者登高爬低时都比较方便。但是她的女儿从学前班放学回家时嚷道："妈妈，老师说了，你应该把我打扮得更像个女孩！"

- 哥本哈根的英格丽听她老板说要提拔她的时候，很是意外。因为公司里有几位男性得到那个职位的胜算更大。她的老板跟她说这一变动大概一个月内就会实施。在这个过渡期里，英格丽得知自己怀孕了，就把这件事告诉了老板。后来升职的事儿看上去被推迟了，她就去问老板到底是怎么回事儿。结果她的老板假装很惊诧，好像根本就没有那么一场关于升职的谈话，而且还说她肯定误会他了。

- 迈阿密的罗莎是个律师，在一家移民律师事务所工作。她的老板一天到晚挖苦女性员工的仪表。如果他不喜欢某种发型，就会说："你的梳子丢了吗？"如果他觉得谁的裙子太短了，就会说："你奶奶没做完裙子就用光了纱线吗？"

- 悉尼的菲奥娜读大学的时候把专业改成了工程技术。她妈妈听说之后说了一句话："这下好了，你这辈子嫁不出去了。"

- 艾莉森，住在西弗吉尼亚的一个小镇，她的变态老公会查看她的电子邮件，没办法她只能给我寄了一封信。她想知道现在应该怎么做，因为孩子大了，她想回去工作从而获得经济上的独立。但是她最大的精神支持来源，也就是她的妈妈跟她说："别出去瞎晃了，有个老公供你吃供你喝，让你过着好日子，你算交了好运了。"

- 法拉是伊朗犹太裔，是一名内科医生，她特别害怕周五晚上跟父母出去吃晚饭，因为他们会逼问她什么时候放弃做个职业女性这个疯狂的想法，然后结婚生子。

还有一些别的原因，促使我来写这本书：在过去的十年，职场发生了改变。经济大萧条以来最严重的经济衰退使得职场的竞争不断加剧，社交网络在十年前甚至还没有出现，而现在你每天都必须面对，工作与生活的融合是一个更大的挑战，因为需要收入的女性工作时间更长，受过教育的女性进入劳动力市场的比例比以往任何时候都高。正是因为这些问题，我想再补充一些指导贴士，帮助你获得并且保住你想要的工作。

这些数据、评论和社会的变革，以及女性朋友自身的问题都让我意识到，我的工作还没有结束。在过去的十年中，我有幸周游了世界，跟别人讨论女性问题。我了解到，阿拉斯加的土著村庄中的女性跟南非的女性都面临着同样的挑战。不管我们在家里怎么跟我们的女儿（或者儿子）描述女性的能力，都不能让他们免受外界信息的洗脑，而那些信息会持续贬低女性在社会中的重要性。另外，可能也是更重要的一点，我了解到这本书给读者的生活带来了很大的改观。

书中每一章中列出的错误，以及后面的例子都来自现实生活（为了保护隐私，我改掉了主人公的身份信息）。其中很多都是取材于二十多年来我做高管教练时跟一些女性和男性受众的互动经历。每个错误后面的辅导贴士都很管用。这一点我很清楚，因为我的客户和读者都告诉我，她们遵照这些贴士执行时，都获得了她们想要的提升，还有她们需要的自信，以及她们应得的尊重。她们的成功是我衡量自己成功的尺度。不管在什么时候，只要我看到收件箱里有从陌生地址发来的邮件，或者从像乌克兰那么遥远的国度寄到我办公室的信件——上边写着"你的书改变了我的生活"，都会让我感到欣慰。

不过从一开始你就得知道，这本书并不适用于所有人。很多女性已经找到了突破孩提时代学到的刻板印象的方法，并在大多数情况下都以强势的方式行事（但任何时候都保持强势，几乎不可能）。不管是磨炼你自己特有的沟通和行为方式，还是采用并调整更加刻板的男性行为，你可能都令人欣慰地取得了一定程度的成功。如果是这样的话，你可以从这本书里找到一些额外的贴士，帮助你进一步培养自身的独特风格，或者用来对其他人进行辅导和培训。对于你，我得说："姐们儿，干得好！"

还有一些女性可能发现自己也努力这么做了，但却因为自己不合常规或者咄咄逼人的行为被其他女性和男性批评。如果你属于这一类人，那么这本书看起来和你努力的目标背道而驰，所以你很难对症下药。但是不要担心。还有很多别的书恰恰是为你写的。

怎么知道这本书是否对你有帮助呢？很简单。首先读一遍下边列出的 12 种性格特征，如果你承认自己大多数时候的表现符合某一项的描述，就在旁边打个钩：

- 我做决定的时候不会过度担心其他人会怎么说。
- 我已经形成了独特的风格，跟其他人明显不同。
- 我慎重而适度地使用社交网络。
- 我会有效地去争取想要或者需要的东西。
- 我勇敢揭露没人敢讲的事情。
- 我利用职场关系，发挥自己的优势。
- 别人都觉得我善于表达，有说服力。
- 哪里有办公室政治，哪里就会有我。
- 我的外号叫"自信"。
- 我高效地推销自己。
- 我不惧竞争，直到胜利。
- 我积极地为其他女性发声。

如果这 12 项你都打了钩，那你就可以自己写书了。如果打钩的少于或等于 8 项，那这本书就是为你写的。记住，"有一间两面临窗的办公室（Corner Office）"只是比喻获得你想要的职业成功（本书英文原名 Nice Girls Don't Get the Corner Office，直译是"乖乖女坐不进两面临窗的办公室"，两面临窗的办公室是更高职位的人的办公室——译者）。你可能并不渴望成为高管，但是可能希望得到提升，或者加薪，或者获得其他福利。上面说的这些性格特征，不仅是获得成功的重要特质（不管是对于男性还是女性），我还发现，在对广大女性的培训中，这些方面也是最需要她们改进的。我指导的女性中，只有极个别的人需要针对这 12 项进行全面的改进，而绝大多数人只需要找出两三项进行培养就能实现她们的职业目标了。

25 年来，从治疗室到会议室，我总能听到女性在诉说——说她们在晋升时被忽视，说她们在表达观点时被泼了冷水。我曾在无数次会议中对女性冷眼观察，最后终于发现那些被忽视的人，都有共同的行为和应变方式。我耳闻目睹她们在不知不觉中削弱自身的信誉、损害自身的职业生涯。

我在南加州大学读的是存在疗法临床医师。这个名字听着挺深奥，其实说白了就是给病人说明某种疾病的各种现有治疗方案。不管生活如何对待我们，我们最终能做的就是选择如何回应，借此掌控命运。我们无法控制已经发生的事情，也无法改变其他人，我们能做的只有针对自身的特殊境遇做出反应。对于职场中的女性来说，我们可以选择符合其他人的需求或者期望的行为方式，也可以选择另一种风格——把命运掌握在自己的手中。

我非常清楚，有人会说"掌握命运"这个说法有点过时，而且过火。我坚决反对！说它过火的人，可能是那些大权在握的人。"站着说话不腰疼！"他们不希望别人也拥有那样的权力和影响力，所以在职场和社交圈子中诋毁"掌握命运"的重要性。这是要求维持现状的典型做法。那些拥有权力的人不想分享权力，于是就竭力将他人分享权力的需求压缩到最低限度。这本书写的就是如何掌握命运——我这么说，既不感到尴尬，也毫无歉疚之意。

有些书能告诉你，你在哪个领域的发展空间最大，或者告诉你取得成功的关键因素。这本书不一样，我的目的不止于此。唤醒大家的注意只是第一步，之后我要奉上一些建议供你改变行为方式。经过实践证明，在广大女性职业生涯的自我提升中，这些建议具有不同凡响的功效。那些适合少女却不适合成年女性的行为，会导致你的事业停滞不前，或者脱离正确的轨道。可能有一些建议会让你相信，要想取得成功，不是行动做派像个男人——当然也不是小女生的样子——而是更像成年女性。在本书提供的上百个指导小贴士中，哪怕你只是选择了其中的 10% 来武装自己，你的付出也会获得回报！

如何发挥本书的最大功效

本书包括女性因为社会因素的影响而在职场中经常会犯的一百三十多种错误。但是你要记住，大多数女性不会犯下所有的错误，但是大多数女性犯的错都不止一个。通过不断地实践和经验的积累，我发现犯的错误越多，就越不可能全面发挥自身的职业潜能。我建议大家开始阅读时都先完成第一章的自我评价。它可以帮助你识别出经常采用而又对自身极为不利的行为方式。

完成自我评价之后，你可以直接翻到特定章节，去看自己经常采用的行为方式的内容。每一种错误的后面，都紧跟着克服这些错误的小贴士。就像我前面提到的，这些就是我的客户找我指导时，我给她们提供的建议，所以我知道它们都可以奏效。不过前提是，你必须全力以赴并且持之以恒，这些建议才会发挥作用。

在每一组指导小贴士的后面，都有一个"我要做的事"栏。如果你想采用某一组小贴士来修正对自身不利的行为方式，就在那里打个钩。读完这本书后，把所有打勾的地方进行集中，然后完成最后一章给出的"个人发展规划"。不要弄得太复杂。每周选择一个行为，集中精力克服它。这样你就会发现，对于这项行为容易发生的时刻及其影响你的方式，你能摸得越来越准。下一步就是用更有效的行为方式来替换对你不利的行为方式。你能做到，这是你自己的选择！你需要的就是行动做派更像一个女人——你能够成为这样的女人，而不是你从小被教育要成为的那种小女生。米尔恩（A. A. Milne）有一句话我一直非常喜欢，你读这本书的时候我也希望你能记住："有些事情，你永远都要记住！那就是，你比自己认为的更勇敢，比自己看上去的更坚强，比自己想象的更聪明。"

目录 contents

前言　避开职场陷阱，你可以更成功　　I

第一章　你准备好了吗?　　1

第二章　如何更积极地参与竞争　　17

错误 1　不把职场当赛场 __ 19
错误 2　竞技场内安分守己 __ 21
错误 3　误以为所有人都适用相同的规则 __ 24
错误 4　怀孕了，高兴得手舞足蹈 __ 28
错误 5　忽略导师（赞助者、代言人）的重要性 __ 31
错误 6　只会拼命工作 __ 34
错误 7　做别人应该做的工作 __ 36
错误 8　只知工作，不知休息 __ 37
错误 9　太天真 __ 39
错误 10　花公司每一分钱都思来想去 __ 41
错误 11　坐等天上掉馅饼 __ 43
错误 12　回避办公室政治 __ 46
错误 13　讲真话太直接 __ 48
错误 14　保护"不聪明的人" __ 51

1

错误 15　做闷葫芦 __ 52
错误 16　不愿意适当利用人际关系 __ 54
错误 17　不了解选民的需求 __ 56

第三章　如何更好做自己　　59

错误 18　很难完成从乖乖女到成功女性的转变 __ 61
错误 19　没有为社交互动做好准备 __ 63
错误 20　忙于同时处理多项任务 __ 65
错误 21　嫉妒其他女性 __ 66
错误 22　脸皮太薄 __ 68
错误 23　做决定前挨个征求意见 __ 70
错误 24　拼命讨人喜欢 __ 72
错误 25　成心不让人喜欢 __ 74
错误 26　为了藏拙不敢提问 __ 76
错误 27　假装像个男人 __ 78
错误 28　努力成为男人中的一员 __ 80
错误 29　不假思索吐露真言 __ 82
错误 30　过度公开个人信息 __ 84
错误 31　总害怕得罪人 __ 87
错误 32　否认金钱的重要性 __ 89
错误 33　卖弄风情 __ 91
错误 34　忍气吞声当弱者 __ 92
错误 35　过度布置办公室 __ 94
错误 36　总是用食物讨好别人 __ 96
错误 37　低估自己的情商 __ 97
错误 38　甘当受气包 __ 100
错误 39　握手软绵绵 __ 101
错误 40　缺乏经济保障 __ 103

错误 41　给他人当服务员 __ 105

第四章　如何正确看待工作　107

错误 42　像雇员一样思考 __ 109
错误 43　相信工作与生活平衡的神话 __ 110
错误 44　总想创造奇迹 __ 113
错误 45　大包大揽 __ 115
错误 46　唯命是从，照章办事 __ 116
错误 47　视当权男性为父辈长者 __ 117
错误 48　作茧自缚，限制自己的潜能 __ 119
错误 49　忽视交换 __ 122
错误 50　逃避会议 __ 124
错误 51　为工作牺牲生活 __ 126
错误 52　让人随意占用你的时间 __ 127
错误 53　不愿谈判 __ 129
错误 54　过早放弃事业目标 __ 132
错误 55　忽视人脉网络的重要性 __ 134
错误 56　拒绝享受特殊待遇 __ 137
错误 57　编造负面故事 __ 139
错误 58　强求完美 __ 140
错误 59　放弃创业的想法 __ 142

第五章　如何建立个人品牌并营销自己　145

错误 60　拙于定义个人品牌 __ 147
错误 61　失败的电梯谈话 __ 149
错误 62　对自己的工作或职位轻描淡写 __ 151

错误 63　低估你的顾问技能 __ 152

错误 64　自我介绍时使用昵称或者小名 __ 154

错误 65　等待别人的垂青 __ 155

错误 66　拒绝引人注目的任务 __ 157

错误 67　不敢坐在重要人物身边 __ 159

错误 68　过于谦虚 __ 160

错误 69　滥用社交媒体 __ 162

错误 70　不能有效利用社交媒体 __ 165

错误 71　不愿跨出舒适区 __ 167

错误 72　把自己的创意随便告诉别人 __ 168

错误 73　固守传统的女性职位或部门 __ 170

错误 74　对反馈意见不够重视 __ 171

错误 75　不愿引人注目 __ 173

错误 76　忽略重塑自己的机会 __ 175

错误 77　忽略自己的"遗产" __ 178

第六章　如何更好表达　181

错误 78　用提问的方式表达观点 __ 183

错误 79　开场白啰唆 __ 185

错误 80　没完没了地解释 __ 186

错误 81　事事征得同意 __ 189

错误 82　一有失误就道歉 __ 191

错误 83　谦辞用得太多 __ 193

错误 84　说话模棱两可 __ 194

错误 85　答非所问 __ 196

错误 86　语速过快 __ 198

错误 87　不会使用行业术语 __ 200

错误 88　口头语太多 __ 201

错误 89　说话怯生生 __ 203

错误 90　表达反对意见吞吞吐吐 __ 204

错误 91　说话语气太柔 __ 207

错误 92　音调过高不自然 __ 208

错误 93　打电话或留言时结尾啰唆 __ 210

错误 94　回应别人速度太快 __ 211

错误 95　沟通形式单一 __ 212

错误 96　做事左右为难 __ 215

错误 97　把解决问题和抱怨混为一谈 __ 217

第七章　仪容仪表如何更得体　219

错误 98　刺青太醒目 __ 221

错误 99　笑得不合时宜 __ 223

错误 100　占据的空间太小 __ 224

错误 101　手势与传达的信息不一致 __ 225

错误 102　过于活跃或过于呆板 __ 227

错误 103　做可爱状 __ 229

错误 104　化妆不当 __ 230

错误 105　发型不当 __ 232

错误 106　衣着不当 __ 234

错误 107　一条腿压在屁股底下坐 __ 237

错误 108　当众打扮 __ 238

错误 109　开会时把手藏在桌子下面 __ 239

错误 110　把眼镜挂在脖子上 __ 241

错误 111　首饰戴得太多 __ 242

错误 112　躲避他人视线 __ 244

第八章　如何从容应对麻烦事　246

错误 113　在网络论坛上晒情绪 __ 248

错误 114　压抑太久，情绪不定 __ 249

错误 115　心怀怨恨 __ 251

错误 116　全盘接受父母的影响 __ 253

错误 117　总认为别人比自己知道得多 __ 255

错误 118　照料其他人 __ 257

错误 119　忍受不当行为 __ 259

错误 120　过于耐心 __ 261

错误 121　接受没有前途的任务 __ 262

错误 122　无条件地优先考虑他人的需求 __ 264

错误 123　怀疑自己的力量 __ 266

错误 124　甘当替罪羊 __ 268

错误 125　接受既定事实 __ 271

错误 126　允许他人的错误给自己造成不便 __ 273

错误 127　拖到最后一个发言 __ 275

错误 128　打性别牌 __ 276

错误 129　容忍性骚扰 __ 278

错误 130　喜欢邮件大战 __ 280

错误 131　爱哭鼻子 __ 281

致　谢 __ 284

附录 A　个人发展计划及相关资源 __ 286

附录 B　读书会讨论问题 __ 298

第一章

你准备好了吗？
Getting Started

姐妹们，这是我给你的第一条指导贴士：为了充分利用这本书，请不要贸然开始阅读。否则读完之后，你会以为自己犯了书中所列的多数错误，而实际上你很可能做得比你"认为"的更好。总是有女性令人惊诧地跟我说："你在书里列出的错误，我都犯啦！"要知道，我们女人对自己可能有些吹毛求疵，也不太会欣然接受应得的赞誉。在培训女性时我总是跟她们说，如果你了解自己的行为方式是怎么形成的，行为的目标又是什么，那么改变起来就更容易。所有的行为方式都有其特定的目的——花几分钟想一想，你的目标是什么呢？

从一开始我就想让你知道，并非是你本性愚钝或能力不足才会犯错，从而限制你实现职业目标或者发挥潜质（尽管可能有人想让你这么认为）。其实你这么做只是在遵循自身的社交方式和大众的文化约束而已。度过少女时期之后，没有人告诉我们可以选择另一种行为方式——所以我们没有做出改变。要么是被劝阻，要么是受文化的约束，要么是不知道其他方式，总之我们大多数都未能养成适合"女人"的行为方式。

为什么一些聪明能干的女性的行为方式不利于其职业发展呢（并非是指不利于心理健康）？职业生涯中，跟我共事的专业女性和男性数以千计。在研究和学习中，通过对比他们的行为，我找到了这个问题的答案。女孩从小就被灌输这样的思想：生活的富足和最终的成功，全赖于常规的行为方式，比如文明礼貌、轻声软语、乖巧听话、对人友善。在她们的有生之年，来自媒体、家庭和社会的信息会不断强化这种思想。这并不是女性故意采取自我损害的方式，她们只是按照自己学来的经验行事而已。

有的女性说自己在孩提时代从父母那里获得了"正确"信息，她们的父母曾鼓励她们发挥全部潜能去做想做的人，却在踏入现实世界时发现原来的梦想遥不可及。这一点对于由强势母亲带大的非洲裔美籍女性尤为突出（在错误3中我会提到）。不管是模仿榜样还是接受鼓励，如果一个女性像男性那样展露信心和勇气，人们经常会用含有"贱"的组合词来指责她。

尝试着与社会传统要求背道而驰，通常会招致奚落、非难和鄙视。妈妈会说"男生不喜欢聒噪的女生"；你暴怒时，你老公回击说"怎么了？大姨妈来了"。总之，不管怎样，只要女性的行为方式跟少女时期学到的不一样，就会招致狂轰滥炸，最终反而巩固了原来的方式。这样她们领悟到，表现得像个"乖乖女"比采取更适合成年女性的行为（而且还得让男孩和男人都完全接受），要少一些痛苦。简言之，哪怕是在长大之后，女性也会像个小女生一样待人接物。

那么，这是否意味着职场不再有性别歧视了吗？根本不是。前言开头提到的数据已经不言自明。另外，无论是高层主管还是有发展空间的职位，在组织内部的人才遴选中，女性都极有可能被排除在外。研究表明，女性在绩效评估中的得分一贯比男性要低。这些都是现实情况。但是这些年我居然总会听到有人说："那又怎样？"对于这些事实，我们可以理解，可以辩解，可以哀怨，不过也得承认我们该做点什么来促成改变。理解、辩解和哀怨都不能帮助我们达成所愿，而只会成为我们安于现状的借口。

虽然男性和女性都会犯很多错误，不过有那么一些特定的错误只会发生在女性身上。雅加达、奥斯陆、布拉格、法兰克福、特立尼达岛、休斯敦——不管我在哪里工作，我都会惊奇地发现不同文化背景的女性在职场中犯着同样的错误。香港的情况可能比洛杉矶更明显，不过也只是大同小异而已。而且我也知道有些错误，女性一旦甄别并且换一种行为方式，她们的职场之路就会实现华丽转变，这一点她们可能从来都没想过。

为什么很多女性已经成人很多年了，却还表现得像个小女孩呢？原因之一就是我们一直被教导做个乖乖女——即便我们已经长大——并不算什么坏事情。女生的成长不同于男生。女生不用想着保护甚至照顾自己，因为有人替她们做。"女人是一朵花"，"男人是泥做的，女人是水做的"。又有谁不想成为招人喜欢的女生呢？人们都喜欢小女生。不管是哪一种女生——弱不禁风的、甜美可人的、身材高挑的、晒得黝黑的——不用开口索求，男人都想要保护你。因为友善，人们都去黏着她们，她们也去黏着别人，就像宠物一样。

做一个小女生肯定比做一个女人更容易。小女生不用为自己的命运负责。她们的选择被局限于人们期望她们做出的选择的狭小范围内。我们还在延续孩提时代学到的行为，甚至我们知道在某种程度上它们在阻碍我们的发展，其中的另一个原因是：我们无法跳出传统划定的界限，而这些界限限制了我们发挥自己的影响力。越界是很危险的。当你越界的时候，就会有人指责你是个女汉子或者"犯贱"。总之，以社会普遍接受的行为方式行事更为容易。

治愈乖乖女综合征意味着你必须变得不善良、不友好——这是个迷思——是时候打破它了。这是我在访谈中被问到最多的话题。有的女性朋友曾告诉我，她们没有买这本书，因为书名让她们觉得这肯定是一本关于如何成为女汉子的书。其实不然。有这么一句话，在过去的10年里我可能说过了五百多遍：友善，是成功的必要条件，却不是充分条件。如果你过度依赖于做个好人，而不去培养其他行为方式，你永远不能实现你的"女人目标"。这本书会帮助你丰富你的"锦囊"，这样你就能"探囊"取出更多种类的"妙计"。

当我们的生活被他人的期望所限制时，我们的生活就会受到限制。像女孩而不是女人一样生活，到底意味着什么呢？它意味着我们会选择那些符合别人期望的行为，而不是选择那些引领我们成功、实现自我价值的行为。如此，我们过的就不是自觉的生活，而是被动的生活。生理虽然成熟了，心理却仍旧稚嫩。这可能让我们从现实生活的困境中得以暂时的解脱，却永远不能完全地掌握自己的命运。

丢掉有前途的工作或者晋升机会的原因，就是因为小时候我们学着去做个乖乖女：不愿意展示的才能，发言时吞吞吐吐，努力工作而忘了为了长远的成功建立必要的人际关系。我发现这个情况在男女搭配的场合尤为突出。在对很多企业进行领导能力培养的过程中，我有幸能在一家公司同时辅导仅有女性以及男女混合的队伍。即使是我见过的那些在其他女性群体中表现得很有自信的女性，在混合群体中也会变得更加被动、顺从和沉默寡言。当身边有男性的时候，她们往往很少说话，隐藏自己。

案例：苏珊

我给大家一个案例。

我曾指导过一名女性，她叫苏珊，在一家财富100强石油公司做采购经理。苏珊为这家公司工作了12年多。跟同期受雇的男性同事相比，因为觉得晋升得没那么高或者没那么快而有些挫败感，所以她一直想知道为什么自己不能充分发挥自己的潜力。有时候她觉得可能这其中有性别歧视的因素存在，但她从未考虑过自己是如何导致自己的职业生涯停滞不前的。在一对一的辅导课之前，我正好有机会在她跟同事的会议中观察她的表现。

在第一次会议中，我注意到她有一头金色的长发，深蓝色的眼睛，身材娇小，魅力十足。她是得克萨斯人，讲话时带有优雅的口音，摆头的方式很迷人，聆听别人讲话时面带微笑。在会议室中，她就是开心果，但是她让我想起了啦啦队队长——迷人、活泼、热情和乐于助人。别人讲话的时候，她点头微笑。而当她讲话的时候，经常使用模棱两可的话，比如"或许，我们应该考虑……"；"这可能是因为……"；"如果我们……，那么……"。就因为这些行为，没有人说苏珊没有礼貌，但是也没有人觉得她够资格做个高管。

在观察了她和同事的几次会议后，我和她私下会面，探讨他的职业抱负。基于她的外表、行为，以及开会时所说的话，我猜想她的年龄可能在30到35岁之间。当她告诉我她已经47岁，在采购领域有近20年的经验时，我差点儿从椅子上掉下来。我不知道她的过往和经历——如果我不知道，别人也就不会知道。苏珊倒是没有发现我的惊诧，她的表现符合她待人接物的方式。她在这些行为上得到了很多积极的强化，以至于她坚信这些是她唯一可以采取并且能够成功的行为方式。她深深地陷入了做一个乖乖女的窠臼之中。

说实话，她在会议中表现的行为对于她早起的职业生涯是有帮助的。问题是那些行为对于实现未来的目标和抱负毫无益处。她的上级、同事及直接下属都承认跟她工作很愉快，但是他们从来没有认真考虑过她可以做到更高的职位，或者接手更重大的项目。苏珊的行为像个女生，相对应地，他们也像对待小女生一样对待她。尽管她知道，如果想赢得机会发挥自己的潜能就一定得做点儿什么，但是到底应该做什么，她毫无头绪。

最终我了解到，苏珊家里有兄妹四个，她是最小的孩子，也是唯一的女孩。她是爸爸的掌上明珠，而且从小就被哥哥们呵护着。所以她很小就知道做个小女孩是好事。她把这当作自己的优势。随着年龄的增长，她一直依赖于传统的女性行为方式，这种方式让她得其所需。她是老师眼中的好学生，同学眼中的好朋友，大家都喜欢的啦啦队队长。苏珊没有其他行为方式可供参考，而那些方式才可能让她更接近晋升为副总裁的梦想。

我们的内心都住着一个小女孩

苏珊为她的小女孩气质付出了沉痛的代价，虽然这个案例有些极端，但是我们大多数人的心里都住着一个苏珊。我们以符合社会定义的方式行事，因此从未从一个女孩成长为一个女人。我们总是扮演养育者、支持者或好伴侣的角色，希望他人的需求被满足，而忽视了我们自身的需求。还有一点值得注意的是，当我们努力冲破那些既定角色，试图以更成熟的、自我实现的方式行事时，总会遭到抵制，阻挡我们突破小女孩的角色，这种抵制有时候表现得委婉而隐晦。人们会像这样评论说："你生气的时候好可爱哦"，"你怎么了？大姨妈来了吗"，或者"你怎么还不满足呢"。这样的评论把我们圈定在小女孩的角色中。

当有人质疑我们的女性气质，或者质疑我们的感受时，我们的典型反应是后退而不是采取行动。我们会怀疑自己的人生阅历。每当面临"战斗或是逃跑"这种局面时，我们通常的选择是逃跑。每每这样做，我们就往小女孩的方向倒退一步并质疑我们的自我价值。这样下去我们就同其他人一样停留在女孩的状态而无法成长为女人。我们必须为自己的需求得不到满足，潜能不能充分发挥承担责任。埃莉诺·罗斯福曾说："没有你的认同，谁也无法让你感到卑微。"不要再唯命是从，不要再事事妥协。告别童年时代那个听话的小女孩吧！

自我评估

现在来评估一下哪些地方你最需要努力。后面几页列出来的清单可以帮助你界定那些有可能阻碍你事业发展的具体行为。你会发现，有些地方你已经想办法处理好了，已经不再是你的障碍。如果你和大多数女性一样，你就会发现还是有一些地方需要你注意。花点时间完成下面这份清单。完成以后，看一看评分指导，它会告诉你怎样在阅读时运用你的得分。你可能不需要读完这本书。想象一下吧，你的第一课是更聪明而非更卖力地工作。

乖乖女自我评估

根据实际情况填入相应的分数。必须实事求是，因为这是帮助你从小女孩成长为成功女人的工具。

1 分 = 几乎不这样或不能确定

2 分 = 有时如此

3 分 = 经常如此

4 分 = 几乎总是这样

1. _____ 我能说出在就职的公司里取得成功的不成文规定。
2. _____ 我事先为社交活动准备好一系列可以与他人讨论的话题。
3. _____ 如果领导的预期或要求不合理,我可以坦然地提出疑义。
4. _____ 在做电梯简报时能脱口而出。
5. _____ 我以干脆、清楚、简明的方式与他人沟通。
6. _____ 我的发型和妆容增加了我说话的可信度。
7. _____ 在网络公共论坛中,我不对其他人发表负面的意见。
8. _____ 我使用脸书及(或)其他网络工具进入社交网络。
9. _____ 需要被他人喜欢这种心理不会妨碍我说出别人可能不爱听的话。
10. _____ 当分配给我的任务时间紧而且可利用的资源很少时,我会争取合理的时间和资源来完成。
11. _____ 被问到我做什么工作时,我会按照所取得的成就和我为公司增加的价值的方式来描述。
12. _____ 我陈述我的想法而不是以提问的方式表达它们。
13. _____ 非语言交流加强了我的语言交流。
14. _____ 别人伤害我的感情时,我会放下这些不快,轻身前行。
15. _____ 我利用办公室政治发挥我的优势。
16. _____ 我基本上不把食物带到办公室和同事分享。
17. _____ 我的关注点不仅是做好自己的工作,更是为公司创造价值。
18. _____ 我寻求引人注目的工作,那样既能拓展我的技能,还能让其他人看到我的工作能力。
19. _____ 我不怎么跟人道歉。
20. _____ 我为成功而着装。

第一章　你准备好了吗?

21. _____ 我相信即使不比别人聪明,我也不比别人笨。
22. _____ 我会利用自己建立的专业关系。
23. _____ 一心多用不是我的菜。
24. _____ 我是一名高效的谈判者。
25. _____ 在我的社交媒体网页,没有什么内容是我不想让未来的老板看到的。
26. _____ 我说话时语速平缓而且吐字清晰。
27. _____ 我不在公共场合拾掇自己,例如化妆、整理头发等。
28. _____ 我很强大。
29. _____ 我有一位或数位导师,我相信我的导师可以在合适的机会来临时给予我支持。
30. _____ 如果我被欺负了,我会告诉别人我的感受。
31. _____ 我每周都花时间来建立和维护我的人际网络。
32. _____ 我会有效地夸一夸自己。
33. _____ 别人觉得我善于表达。
34. _____ 我的身体上没有一眼就能看到的刺青和穿孔。
35. _____ 在会议中我先发言,发言的次数也很多。
36. _____ 我主动了解他人的需求以便更好地为他们服务。
37. _____ 我的办公室装饰突出了我的专业水准。
38. _____ 我不以完美为目标。
39. _____ 我经常征求能够帮助我建立个人品牌形象的反馈意见。
40. _____ 我改变我的沟通方式以影响他人来接受我的想法或提议。
41. _____ 坐在会议桌前,我把双手放在桌子上,身体前倾。
42. _____ 如果别人对待我的态度有失妥当,我会当面跟他们说明而不是之后向朋友抱怨。

43. _____ 对于我想要、需要或者应得的，我不会等待他人给予而是主动要求。

44. _____ 我会提出问题，即便我的问题可能听起来很蠢。

45. _____ 当事情出错时，我不会对自己太苛刻。

46. _____ 我利用会议来推广自己的个人品牌形象。

47. _____ 提出自己的想法时，我会使用有影响力的商业语言。

48. _____ 我懂得在公开场合做声明时如何搭配服装。

49. _____ 面对批判的声音，我能从容面对，而不是纠缠不清。

自我评价得分表（见表1-1）

说明：

1. 将你的答案填入以下得分表。
2. 每列得分的和为分类总分。
3. 分类总分相加得出总分数。

表1-1 自我评价得分表

你怎样参与竞争	你如何行动	你如何思考	你如何建立个人品牌并营销自己	你的表达	你的仪表	你如何做出回应	
1.	2.	3.	4.	5.	6.	7.	
8.	9	10.	11.	12.	13.	14.	
15.	16.	17.	18.	19.	20.	21.	
22.	23.	24.	25.	26.	27.	28.	
29.	30.	31.	32.	33.	34.	35.	
36.	37.	38.	39.	40.	41.	42.	
43.	44.	45.	46.	47.	48.	49.	
分类总分	分类总分	分类总分	分类总分	分类总分	分类总分	分类总分	总分

得分说明：

表1-2 得分说明

总分 159～196 分或者某分类总分在 22～28 分	好样的！得到这个分数表示你一定已经拥有自己的一间大的办公室了，或者你正在得到它的路上。保持继续前进的势头，将注意力集中在那些你填入"1"或者"2"的问题上。另外，不要忘记指导其他女性，把爱传递出去吧。
总分 110～158 分或者某分类总分在 14～21 分	你需要稍微做些调整。尽管你所做的通常符合成功女性的做法，但是乖乖女综合征让你时不时地未能获得应得的东西。首先阅读与你的最低分类总分相关的章节，然后再回头阅读剩下的章节作为复习。
总分 49～109 分或者某分类总分在 7～13 分	危险！你掉入了童年所学到的乖乖女的行为陷阱。你经常想为什么我如此努力却无法获得成功。这本书就是为你而写的，拿出你的笔，开始做笔记，记录哪些是你应该改变的地方

无意识能力

看到了吧。我说过你的行为并没有想象中那么糟糕。为了让你更好地了解自我评估的过程，我将介绍一种在帮助人们拓展新行为的辅导中使用的模式。它叫作"无意识能力"。图1-1说明了它的原理。

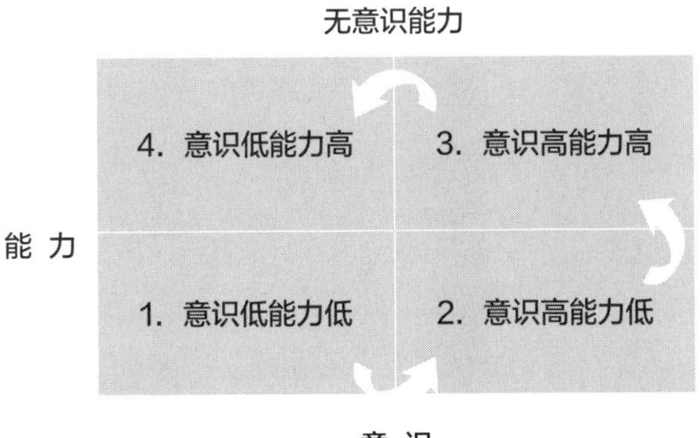

无意识能力

能力	4. 意识低能力高	3. 意识高能力高
	1. 意识低能力低	2. 意识高能力低

意 识

图1-1 无意识能力模式

你面临的挑战是在一定的时间内从方框1发展到方框4。方框1是你开始的状态——几乎没意识到你做错了什么，所以在这种状态下（意识低，能力低）你几乎不可能有（做出上面这些行为的）能力。

做了自我评估并且阅读了本书中所描写的错误以后，你将会对自我损害式的行为有更深的了解，但你仍然不知道怎么去改变它们。这是你进入方框2的状态——能力依然很低，但是意识提高了。

通过对每条错误后面列出的指导小贴士的亲身实践，你就能进入方框3——意识高、能力高的阶段。如果你曾学习过一项运动或乐器，你就会明白这是怎么回事儿。你会越来越有能力将这些行为融入你的日常技能中，甚至可以不假思索地做到这些（方框4——能力高和意识低）。这就是目标。但是，如果在某些情况下，这个目标不能自然而然地实现，你也不必气馁。不管是挥杆打高尔夫球，还是演奏一支钢琴曲，你都知道自己能够做到，只是你必须集中注意力才能做好，这就是方框3所示的情况。

就跟学习掌握一种新技能一样，起初你会有意识地留心该怎么做。经过一段时间的练习，伴随不断获得成功，最终你就会不假思索地将这些行为融会贯通。但是在某些领域，你可能永远无法完全实现目标。社会化让你很难——不，是"不可能"——不假思索地采取某种行动。这并不是你的错。只要你有意识、有目的地行动，你就会没事的。

控制你的焦虑

从很多女性的脸上及她们的言辞中，我能感受到，在变得更加自信、能干、勇敢的过程中，她们必定要经历焦虑和困惑。当有人建议她们拥抱自己的力量时，女性会拒绝接受，因为她们害怕被别人认为太过于男性化、咄咄逼人或不好合作。在我面对一群女性，人数有数百名之多，让她们当中认为自己有力量的人举起手来时，她们大都先环顾四周看看其他人有没有举手。之后，只有少数人举了手。然后，又有一些人。很少会碰到全部女性都举手的情况。当问一群男女混合的人群同样的问题时，几乎所有男性都立刻举起了手。"做个强大的女人"是如此地与我们的社会化相悖，以至于女性过早地摈弃了这种信念。为了其他人而不是自己活着的这种信念在我们的心里根深蒂固，以至于我们根本不愿意寻求另一种可能。

具有讽刺意味的是，女性一直展示着自身的强大，只是表现的方式跟男性不同。依赖于我们的"少女魅力"就能有相同的影响力，而且还没有那么直接，也没有那么咄咄逼人。换句话说，我们不像男性那样直接展示自身的力量。我们学会了这种不太直接的方式，这样男性就不会觉得我们从他们那儿夺取了过多的权力。而这正是我们难以获得更多影响力技能、谈判能力和组织能力的核心困难所在。

每当女人直接坚持自己的主张时，她实际上都是在跟她身边的男人（不论是丈夫、儿子、老板或其他男性权威人物）说："我想要从你那儿得到什么什么。我想要属于我的东西。我也希望我的要求可以被满足。"对于每一个主张，我们都觉得内疚。我们认为拿回控制权等于从别人那里拿走一些东西。与其说是得到我们需要、应得或想要的东西，还不如说是强迫他人还给我们很久以前给出去的东西。这些反应模式对女孩子来说是很棘手的。其他人不会真心想改变这种状况——他们已经得到了所有他们需要的东西，为什么还要改变？

抵制改变是正常的，要有心理准备。就像戒酒的人发现其他人蓄谋将他或她带回买醉的场所，女孩往女人成长的路上会发现她会面对一些想要把她继续当作女孩的人。如果你想要获得成功，就必须记住这一点。

女孩该怎么做

以下是一些具体的指导小贴士——算是我们后面要做的事情的铺垫。每次使用一条建议，不要尝试一次就做完所有的事情，否则只会让你产生挫折感。选择其中的一两条建议，有了效果之后再尝试更多。

- **准许自己从乖乖女成长为成年女人**。这看起来像是一个简单的想法，但因为前文提到的种种原因，你常会遭到抵制。跟自己进行一次长谈。告诉自己，你不仅被允许而且有权利按照有利于实现自己目标的方式行动。试试这个口号："我有权满足自己的需求。"
- **把自己想象成理想中的模样**。能想到，你就能做到。想象一幅图画，在画中你已经成为自己渴望的那个角色。如果渴望坐在两面临窗的大办公室当个高管，那就想象自己坐在那样的办公桌后面，周围配备着相应的设施。思考一下在这个职位上你会做些什么，会怎么做。然后把这些想象带入你的日常生活。
- **反击你脑海中害怕的声音**。这点一开始听起来可能有些疯狂，但是你必须反驳那些旧的想法，并用新的想法取代它们。如果你内心深处那个女孩害怕地说："如果我改变的话，就没有人会喜欢我了。"就让女人的声音来反击："那不过是陈词滥调，让我们创造一个崭新的、更加充满力量的新想法。"
- **想象自己被罩在一个玻璃保护罩中**。钻进这个保护罩中，让你可以看清周围发生的事情，而且不被他人的负面信息所刺伤。我曾建议一个客人这样做，她后来告诉我她觉得这样做有点疯狂，但还是决定试试看——结果发现这个方法很有效。在处境不利时，她设想自己被包裹在保护罩中，从而免受他人鄙视言辞的影响，并让自己可以保持一个理智的成人立场。

- **制造舆论**。坊间总会有关于我们的各种传言。我们不在场时，别人总会对我们有着种种议论。我们在领导力的课程中做的一个例行练习是，要求参与者们写下一条 25 字的描述——他们希望别人怎样看待自己，然后列出实现这一目标需要采取的行为。你也可以这样做。写下你希望别人怎么评价你，然后再列出可以实现它需要的后续行动。简单地说，就是承担成年人的责任。

- **辨认并消除阻力**。如果你在努力变得更加直率、更加强大的路上遇到别人的阻碍，首先要知道他们这样做的目的是要把你放在不那么强大的状态。与其默许，不如质疑。说一些类似于这样的话："看起来你不同意我所说的。让我说说其中的理由，然后也许你可以告诉我，你有什么不同意见。"别人想的只是让你维持原样，因而无法对你的需求做出一个客观的回应。如果是这样的情况，你可能希望得到专业的帮助来学习如何以健康高效的方式应付来自别人的阻碍。

- **征求反馈信息**。如果你担心某些行为不合时宜，可以向一个信得过的朋友或同事征求反馈意见。不要使用是非题（例如，你觉不觉得我做得出格？）。尽量使用开放性的问题，那样可以让你深刻地理解别人是怎样看待你的（例如，"告诉我，那次开会时我做的事情对我达成目标有帮助还是没有帮助？"）。

- **不要苛求完美**。即便我本人也没采用这本书里写出的所有行为。有些内容和我的性格截然相反，我甚至没有尝试过；还有一些内容，不论怎样努力，我都做不好。正如我经常跟女性朋友说的："我也是正在改变中的乖乖女。"重要的事情是做好一部分，让其他的水到渠成。

后续步骤

稍后你就要独立实践了。我建议你从得分最低的那两个章节开始。这是你最需要帮助的部分。后续章节中列举的错误，并不是每个都对你适用，所以不要失去理智把所有的辅导条目当作目标。如果你认为哪一页的建议能让你的境遇改善得最多，就在那一页的这是"我要做的事"打钩，并集中精力对它们采取行动。避免将那些看起来比较难的、有可能对改变你的为人处世产生重大影响的建议忽略掉。

阅读过你得分最低的相关章节之后，回过头来看看书中列出的其他错误。这一百三十多个错误都来源于真人真事。它们包括我辅导工作中的经验累积；不同国家、不同公司中职场男女的意见收集；参与我的"职场女性：别让这些细节绊住你"讲习班和主题展示的女性所做出的贡献。

大多数指导小贴士本身就是数年来我提供给女性的建议，并得到了积极的反馈确认，即便小小的改变都让她们在别人眼中的印象有了极大的改观。还有些指导小贴士由我的同事提供，他们大多在国际企业培训公司（Corporate Coaching International）的咨询队伍中任职，并且是他们辅导领域中各个主题的专家，包括沟通、战略性职业规划，以及工作与生活有机融合，等等。你在阅读这些辅导贴士时，会发现我参考了一些书籍和课程。附录A中包含两个重要的内容：一个是我用到的这些参考的概要；另一个是一份个人发展计划模板。如果你真的想达到个人和职业的最佳状态，我强烈要求你在读完本书之后完成这份发展计划。它可以帮助你步入正轨并记录你的进程。现在就看你的了。努力去争取属于你的位置吧！

第二章

如何更积极地参与竞争
How You Play the Game

奥运会闭幕之后不久，我跟我的朋友进行了一次讨论。我说，我喜欢看到人们实现他们毕生奋斗的目标，并在比赛中达到最高的水准。我的朋友却不以为然，她不喜欢那种竞争的感觉——总有人在提醒每个国家已经拿到了多少块奖牌。"可那是奥运会啊！"我脱口而出反驳道，"奥运会就应该存在激烈的竞争。"

几天后，在玩一种在线拼字游戏的时候，我的对手连续得了两分，对于我这样的高手来说有点不太正常。那个人输入了一行字："对不起。"我立刻回过去："能不能告诉我你是男的还是女的？"那边的回答在我的意料之中，当然是位女性。男性取得情理之中的优势时，从来不道歉。

很多女性朋友——尤其在 20 世纪六七十年代长大的——没有机会参加竞技体育，没有多少人参过军，或者读过军事院校，或者参加过其他需要我们努力拼搏赢得胜利的游戏，这种情况直到近些年来才有所改变。因而我们不知道如何参与游戏，更别说冒险把球打在边线附近（这一点我会在本章的后边再深入探讨）；也没有体验过不带任何歉意或罪恶感参与游戏。更有甚者，很多女性还把商业竞争看作是一件令人不愉快、肮脏的事情，千方百计要去避开。

让我们开始最为重要的一课：商业是一场游戏，存在着竞争，你可以赢得胜利。事实上，女性朋友很反感这样的游戏，反感取胜。我有一半时间是跟男性合作的，教他们更女性化一些。当然，我的表达方式很委婉，否则我就没生意做了。我创造了一个术语"领导力的女性化"，用来描述当今职场中刻板的女性行为比男性行为获得的反馈大多更加积极的现象。我和男性谈论诸如倾听、合作、激励和看到员工人性的一面等事情的重要性。这些因素有助于培养人们常说的EQ（情商），而EQ是职场成功的必要条件。最重要的是，有数据显示，在EQ的五个因素中，女性有四个因素超过男性，包括自我意识、自我调节、同理心和社交技巧，而在自我激励这一因素上，女性和男性旗鼓相当。女性的这些表现，到底是因为她们被这样教导并且进行了大量的练习，还是因为天生就是这样，其实并不重要。要赢得商业游戏的胜利，你需要利用你的高情商。

在有些领域，女性往往不如男性那样熟练，包括熟知职场游戏想象的边界在哪里，如何开始游戏，赢得游戏的潜规则。在本书的所有辅导贴士中，下面几点女性朋友最不愿意放进自己的公司生存技能包之中。这些建议，有很多跟我们成长过程中接受的教育完全相反。不要跳过你觉得困难的内容。如果不参与，永远也不会赢。

错误 1　不把职场当赛场

职场就是赛场，它有规则、界限、策略、赢家和输家。女性比较倾向于把工作当成一场活动（例如野餐、音乐会），大家聚在一起好好玩一天。我们希望创造一种双赢的局面，却不知不觉地使局面变得有输有赢——而我们自己就是那个输家。商业游戏并不是想办法让别人失败，但这是一种竞争，这意味着你明白其中的规则并制定对应策略，让这些规则对你有利。

我们来看一个有趣的场景，它凸显了这种独特的女性现象。在某一年女子棒球赛季快要结束的时候，美国西俄勒冈大学队对战中央华盛顿大学队。当时轮到一个大学四年级学生上前击球，在大学的垒球生涯中，她还从未击出过本垒打，而这一次球被击出了护栏。当她跑向一垒时，她一条腿的韧带拉伤，无法继续跑动。在得知她的情形后，对方球队的队员不想让她失去最后一次本垒打的机会，于是抬着她在场内跑过所有垒包，让她完成了一次本垒打。你什么时候在哪一项男子比赛中听说过这种事情？就像雀巢公司一位男性高管对我说的："对男人来说，如果他的朋友赢了他，就跟割了他一块肉一样。"

尽管我认为在当时那种情况下那么做是好事——可能那么做也是对的——但女性也应该明白，在比赛中获胜比友善地把别人的需求放在第一位更加重要。什么时候需要进行合作来获取最大化的成果，什么时候应该全力以赴取得胜利，拥有区分这两者的能力可以让你从一个乖乖女蜕变成一位成功女性。

芭芭拉就是一个不能理解职场竞技的典型人物。她曾在银行业做了很多年的市场主管。在她的事业巅峰时期，她的成功如此傲人，许多公司都希望她能跳槽过去担任高管。她选择了其中一家从事特殊化学品的公司，在那里担任副总，但在新的岗位上，她却没有取得想象中的成功。当她找到我寻求指导的时候，她不明白为什么自己失败了。以前在银行业的那些成功经验在她的新职位上失去了作用。她那种礼貌、悠闲的管理以及跟人打交道的方式被看成懦弱、优柔寡断。芭芭拉不明白这是一场全新的比赛，她遵照老赛场的规则来打新的比赛——并且发现自己正第一次面临事业上失败的可能。在竞争激烈的企业中，或者当老板更看重竞争时，你必须为赢得胜利而战斗，否则很快你就会发现自己坐在了冷板凳上。

商业是一场游戏，其中的规则也因公司的不同而存在差异，甚至在同一家公司部门与部门之间的规则都会有所不同。对这个老板有效的做法，也许另一个老板就不买账。要想赢得比赛，就得目标明确。

 **指导小贴士**

- 学习下棋。下棋可以帮助你开发战略性的思维，应对胜负游戏。
- 罗列出你所处职场的游戏规则。记住，这些规则都是不成文的，是快速晋升者应该遵守的规矩。这些规则不是一次性完成的，而是随着你用不同以往的方式观察互动、浏览备忘录、参加会议而慢慢积累起来的。这些职场游戏规则可能包括："不要与老板意见相左""每个人至少要加班10小时""礼貌远比正确来得重要""不论什么情况都要按时完成工作""不能超预算""顾客永远第一"，等等。当你列出这些规则的时候，比较一下你的表现与这些规则之间的异同。

- 阅读帕特·海姆博士与苏珊·高兰所著的《女性的难题：在职场竞争中取胜》（修订版）（*Hardball for Women: Winning at the Game of Business*）。这本书可以帮助你更好地理解男性企业文化，以及如何利用它发挥自身的优势。书中给出了很多建议，诸如如何让你自信又不会招人讨厌，如何进行聪明的自我推销，如何哪怕是感到无力时也表现出自信。
- 找一位职场导师——这个人是职场游戏中的成功者，你可以与他（她）畅谈工作环境里的游戏规则。通常同时拥有男性和女性的职场导师会很有帮助，他们在你的成功之路上给你带来的指导价值是不可估量的。
- 如果你最近没有进行体育运动——那就开始吧。运动的形式并不重要，不论是网球、跆拳道、垒球抑或是高尔夫球。体育运动可以帮助你了解游戏的语言。

这是我要做的事 ☐

错误 2　竞技场内安分守己

我是个狂热却技艺平平的网球运动员，过去我常常因为担心球出界丢分，总是将球直接打在界内。为了保证安全，我人为地缩小了球场。很快我就发现，那样打球不可能获胜。如果要赢，我就必须学会把球打到边线附近而又不出界。于是，我开始冲出自己设定的"舒适区"，而实际上，我因此赢得了更多的比赛。

任何一场比赛中，大部分得分都不是在赛场中间获得的，而是来自赛场边界。预期的风险有时候可能会让你出界，但是只要你获得了大部分分数，你就不会输。把自己推出女性安全区，走向成功者所属的比赛场边线地带非常重要。

我曾经有机会跟一位客户分享上述网球的故事。她最近刚刚晋升为主管，但得到回馈说她工作不够"主动"。她问道："为什么会有人认为我工作不主动呢？我完成我应该做的工作，从来不需要别人催促。"做应该做的事情并不是主动。那本来就是应该做的。在她的新职位上，管理层期望她可以承担更多的职责并独立做出决策。当我把这些告诉她时，她说自己不希望越权，所以大多数重要的决策她都先报告给她的上级。

我问这位女客户会不会打网球，巧的是，她会。我给她说了在打网球时安全击球的比喻，很快，她明白了。她意识到自己没有充分利用所有可以用到的场地。她去猜测上级能接受什么、不能接受什么，结果就缩小了自己的职权。如同不敢冒险打靠近边线的球，那就只能把球安全打在场内，她限定了自己的行为。这种做法，对于她的经理来说是远远不够的，她的经理希望团队成员能承担预期的风险而做更多的工作。

职场中，相同的现象在不停地上演。甚至当女性知道职场如赛场时（如图2-1），她也更趋向于安全地比赛而不是聪明地竞争。她遵守所有明文规定并希望别人也能如此。如果政策不允许，那就一定不能做；如果有可能麻烦别人，那就不做……你永远不想冲破职业道德，但是这是一场游戏——而且你是想赢得胜利的。要想获胜，你就得用到赛场的每一个角落。

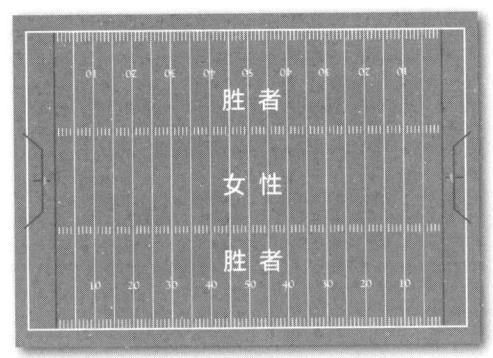

图 2-1 职场如赛场

这位客户听从了我的建议,向她的经理寻求帮助来界定她的权限,那样她就可以更坦然地进行冒险。几周后她的经理给我打来电话,在谈别的事情的过程中,顺便提到那名女主管现在表现得更加积极主动,符合她的业绩目标。

 指导小贴士

- 不能让球出界,但要敢于往边线那边打。如果你不清楚你们公司比赛场地的边界在哪儿,看看那些赢得职场游戏的女同事们是怎么做的。把她们正在做的当成你应该做的。
- 写出两条你理解得非常狭隘但是一直在遵守的规则。看一看其他人是否遵守这些规则?如果没有遵守,有什么后果?如果没有什么大碍,那就大胆拓宽界限,而非狭隘理解规则。
- 如果无法断定某事是否公平,做就是了;如果无法断定某事是否有悖职业道德,问问别人。

- 如果这次你出界了,别在意——千万别回到求稳打法的老路上去。就把它当作了解边界、学习玩法的机会吧。

这是我要做的事 □

错误 3　误以为所有人都适用相同的规则

这一条是到目前为止在我讨论的主题中最具争论性的一条。在本书的第一版中,我特意没有提到它,因为我不确定读者会有怎样的反应,所以选择了谨慎行事。现在,在从访谈的人群中得到那么多积极的反馈之后(也有一些阻力,认为这明显是不公平的观点),我觉得将这一条提出来不仅是必要的,而且是必需的,因为遗漏它将是很严重的疏忽。

你是否曾经想过为什么相同的话你说出来别人就骂你肤浅,而另一位男性说出来别人却说他有魄力?这是因为规则、界限、策略在男人与女人之间是不一样的。我不认为这是公平的或者正确的,但这正解释了为什么在职场中人们被不同的标准对待和评判着。这些不同可以通过赛场图形来辅助理解。

就拿自信做个例子,从下面的图中(图2-2)可以看出,对于男性来说,界限几乎不存在,男性越是果断、直接、坦率越好。现在让我们看看相同的情况对于女性而言是怎么样的(图2-3)。

注意界限是怎么产生从而缩小了赛场范围的。范围越小,越容易出界。女性无法使用与男性相同的游戏规则，并赢得比赛。且不管谁对谁错，在我们生活的社会中，我们不喜欢男性的行为举止像个女人，也不喜欢女性的行为男性化。试想一下，如果沃伦·巴菲特在财报电话会议中哭哭啼啼，会是什么样子？人们会觉得巴菲特的生意完全失败了。同样，当女性逾越其公司文化可接受的自信范围时，就会有被叫出去、被骂或者被训斥的风险。

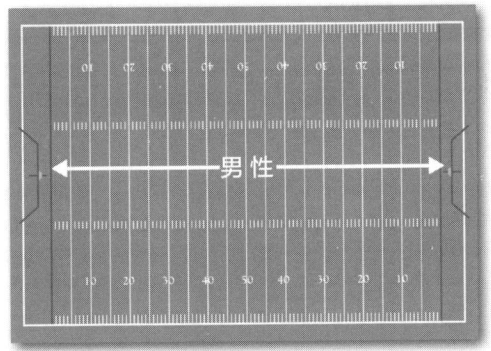

图 2-2　自信的竞技场地：男性

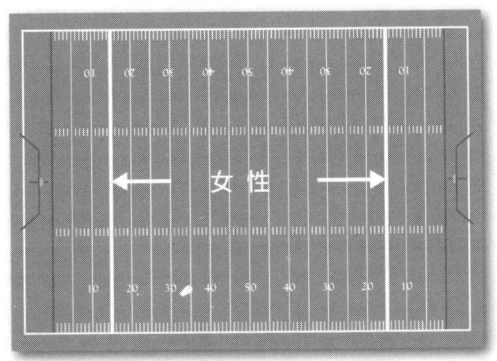

图 2-3　自信的竞技场地：女性

最后，让我们看看有色人种女性的自信范围，那就更小了（图2-4）。作为白人女性，我可以比其他有色人种的女性表现得更加自信而不会越界。当有色人种的女性，特别是非洲裔美籍女性，展现自己的自信时，人们会错误地指责她们"在发怒"。其实，她们说话时的音调高低等，都不过是文化问题，我们本应该深入了解，但我们却疏于了解。而且，人们会把她们当作另类，限制她们今后说出自己的想法——这可能正是人们最初"错误指责"的目的吧！

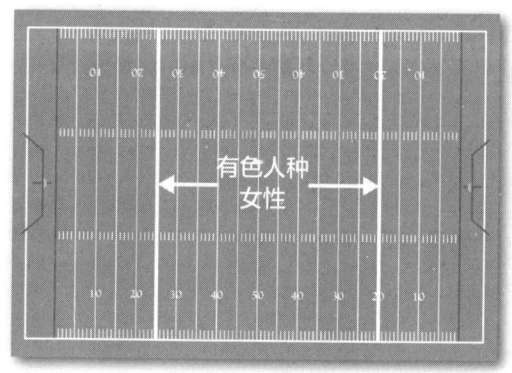

图2-4　自信的竞技场地：有色人种女性

勒娜特就是这样一位女性。她在一家跨国女装公司担任CIO（首席信息官），她聪明、严肃、口才好、勤勉、手脚麻利。如果是男人，她会让人们羡慕。但是人们都害怕她。当她找到我做咨询辅导时，我跟她的同事、上级及下属进行了谈话。他们隐晦地表达出对勒娜特的看法，认为她是个能干的人，但是与公司文化格格不入。通常这就是在说"她越界了"。

就我个人而言，我喜欢勒娜特，我看到她给她的公司带来不少价值，但是那里的竞争环境太狭隘了，以至于她得把自己卷成一块卷饼才能适应。我竭尽全力让她明白，虽然这并不是她的错，而是公司文化应该改变，但是我们二人都对此无能为力，她还是拒绝调整自己的行事方式。相反，她继续以令她自己而不是她周围的那些人舒适的方式来待人接物。我非常希望她找到一个更大的平台，在那里她可以做她自己，也能被人欣赏，而不是她对周遭变化的不妥协导致她最终被解雇。

另外，有一点必须记住的是：规则、界限、策略不仅仅因为性别与肤色的不同而不同，在不同的公司、不同的老板之间也是不一样的。某一家公司或某一位老板的成功经验，在其他公司或别的老板那里并不一定总是奏效。每个公司的文化都有它自己独特的运行法则。

在一家国防承包商那里与一群女性说明职场比赛场这个概念时，为了举例说明我的观点，我没用自信这个例子，而是使用了创造性这一点来说明问题。我解释说，在娱乐行业创造力的界限基本上不存在，而在国防行业界限的范围很小（古怪的点子不像在娱乐业那样受到欢迎），听了这些之后，一位女性举手说道："这解释了我的所有疑问。"原来，她最近刚从一家电影工作室跳槽到这家公司，就像她自己说的那样，"我在前一家公司不会犯任何错误，相反，我现在的工作没有一件事是对的。"

指导小贴士

- 估量你所供职的机构的赛场大小，并找到各种行为的规则与界线。这样做可以帮助你成功地待在边界之内而且能利用边界灵巧地活动。
- 有意识地判断是你本人还是赛场的大小拖了你的后腿。有时我们收到的反馈在任何领域都是正确的——在这种情况下，我们最好把它放在心上，并采取行动。有时我们得到的反馈是特别针对某个环境或某家公司的。当你在你做过的每个工作中都听别人说你沟通不够清晰，那么你就该做点什么来改善了。

- 要明白你不太可能改变赛场的范围来适应自己的需求。利用赛场边界可以拓展你的界线，但如果给你的赛场本身就太小，那就得开始找一个更大的赛场了。

- 如果换了新的公司或老板，不要太过倚重过去的经验来建立你的可信度。它们也许能起作用，也许不能。当你发现自己在过渡时期面临挑战时，可以观察那些取得胜利的人们是如何行动的来评估新的赛场。也许你需要将他们的一些行动方式加入你的工具箱。

- 如果你是一名经理或企业老板，你要专注于使赛场对每个人都是平等的，避开陈规旧习，主动重视并利用多样性，公平地对待每个人。

这是我要做的事 ☐

错误4 怀孕了，高兴得手舞足蹈

想一想，有哪些事情让你在刚刚知道的时候感到特别幸福，但是一想到要把这事儿告诉老板，你就会觉得相当痛苦？怀孕这件事就是如此。什么时候说，怎么说，报告之后领导会不会对你另眼相看，这些问题一直困扰着你。你努力地隐藏，尽力避免或者极力淡化，而你真正想做的却是大声呼喊："我怀孕了，我很自豪！"

第二章 如何更积极地参与竞争

我知道有许多专家建议你尽可能将怀孕的状况保密,但我不建议这样做。男性不会把他们即将诞生的孩子作为一个秘密(至少不会刻意隐瞒),你也没必要这样做。人们都认为男人有了孩子后,工作不会受影响,而女性就不同了。就跟你做的其他事情一样,这件事也为你提供了一个战略性的机会。

当雅虎公司宣布委任玛丽莎·梅耶尔为公司 CEO 的同一天,她宣布自己已经有了 6 个月的身孕,这引起了不小的轰动。我可以确定在她接受公司委任之前,她已经向董事会说明了自己的情况。我也确信她向董事们保证她准备好了迎接挑战,不论是否怀孕。她怀孕后还获得了晋升,这件事被吹捧为职场女性的胜利。请不要这么快就得出结论。

詹妮弗·克里斯琴森的事情与梅耶尔相比,就不可同日而语了。她是拜耳医药消费者市场的一名助理总监(拜耳是我的客户,我认为这家公司是女性工作的极佳场所)。怀了孕的克里斯琴森询问她是否可以参加公司的工作分享项目。尽管她之前工作表现突出,她的老板还是拒绝让她使用这个项目,估计老板还说:"我应该停止雇用育龄女员工。"在克里斯琴森的产假期间,公司解除了她的劳动合同。如今,在对公司提起的 1 亿美元集体诉讼的员工中,也有她的名字。

毫无疑问的是,如果在职期间你怀孕了,你的处境将进退两难。如果你因为担心他人的想法而隐藏怀孕的事实,你会显得没那么诚实甚至虚伪。如果你早早地就宣布了,其他人可能就会对你的能力或担当提出质疑。我相信到最后公司唯一真正关心的事情是你是否完成了自己的工作。梅耶尔无所谓怀孕不怀孕,克里斯琴森也可以申请更多的弹性工作时间。不管公司里实行的是怎样的孕产哺乳制度,如果向管理层保证不会因为怀孕而忽略了工作,你看起来就会更加自信。

谈到在职妈妈,还有一件事情值得注意,就是她们可以利用公司的其他政策,比如弹性工作时间和远程办公。我访问过一名在出版业(以女性为主的行业）工作并育有三个小孩的女性，问她是否使用弹性工作时间。她毫不犹豫地说不是，这么做绝对是死亡之吻。我还询问了其他的女性，得到的答案也是一样的。她们的策略是——在我看来也是聪明的策略，当家庭状况需要时她们就请假或在家办公。如同每个女人暗示的那样，不管你是男性还是女性，如果正式申请弹性工作时间，给人的印象就是你不那么专注于工作。

在大家准备给我写一封充满怒意的信件或者电子邮件之前，我先表个态：我强烈支持为女性创造途径，让她们既能工作，又能让她们成为孩子主要照顾者的期望得到满足。社会压给女性的负担实在太重，这不公平。虽然很多明智的公司为了留住有能力的女性，正在着手解决这一问题，虽然有很多法律法规也在保护怀孕的女性，但是这个问题自始至终都是热门话题。玛丽莎·梅耶尔就任谷歌 CEO 之后不久就废止了远程办公，因而遭到指控，说她涉嫌性别歧视，而且不关心没有像她那样有资源有地位的女性。对于这些指责，我不太赞同。梅耶尔辩护说，人们在办公室这种协作的环境中才会更有创造性，而且更易取得成功。这只是当时为了满足公司的需要而采取的商业决策。

指导小贴士

- 准备好之后再宣布你怀孕的消息。因为各种各样的原因，你不必在医生确认你怀孕的那一刻就对外宣布。你有权保护自己的隐私。选择一个对你和你最重要的那一位都合适的时间宣布。
- 在公布怀孕的同时，做一份清楚明确的声明，声明在怀孕期间和产后你所能做的事情。不要使用似是而非的措辞，而要确定地告知你的领导你的工作表现会跟往常一样出色，你会为休假做好准备以防出现任何纰漏,并会返回岗位继续履行你的职责。
- 逐一处理与怀孕相关的问题(晨吐、产检等),就像你处理其他私人事务一样。如果你需要请假,不要把原因说得太过详细。就简单地告知相关的人员你可能会晚到一会儿或不在公司,并保证手头上的工作正常进行,没有耽搁。
- 准许自己改变对事情轻重缓急的看法。对于玛丽莎·梅耶尔而言,不论在儿子诞生之前,还是出生之后,最重要的事情是工作。如果在任何时候,你意识到,出于健康或其他个人因素,你不能像以前那样快节奏地工作或工作那么长时间,那就得尊重自己的是非准则。一定要弄明白哪些事情是最重要的,好好地安排你的生活,把精力按照优先级别合理分配。这是你的人生,不是其他人的。组建一个家庭可能会极大地改变你对于工作或家庭重要性的看法。没有人会因为你在这二者中间选择更注重其中之一,而剥夺你作为女性的权力。

这是我要做的事 ☐

错误 5　忽略导师(赞助者、代言人)的重要性

《哈佛商业评论》2010年9月那一期中有一篇文章,题为"为什么男性仍旧比女性有更多的晋升机会"。文章的前提是,女性获得晋升的机会比男性少,是因为她们很少会有支持她们的导师。作者通过研究发现:

有一种特别的人际关系称为赞助——指导者不但给出反馈和建议，还利用自己对高管层的影响来支持被指导的人。我们的访谈和调查都表明，跟她们的同龄男性同事相比，具有较大潜力的女性得到的指导偏多，而获得的赞助偏少，而且她们在组织中也没有得到提升。此外，没有赞助，女性不仅比男性更不可能被任命担任高级职务，而且她们可能更不愿意去争取更高的职位。

指导者和拥护者（或者支持者、代言者）二者的区别在于帮助你职业发展的积极程度。指导者提供建议和指导来帮助你在公司内实现你所属领域的职业发展。而代言者，是在你不在场的时候替你说话，或者把你介绍给可能对你有帮助的人（反之亦然），把你放在能对你的职业发展有进一步帮助的人的雷达屏幕上。

就像我前面提到的，导师还能帮助你学习"路规"，找到赛场的边界。然而很多女性都不愿意找别人来指导她们，因为有的人担心这会强人所难，也有的觉得跟可以指导自己的人不够熟悉，还有的不知道该找谁来指导。接下来的贴士会帮助你克服这些问题及其他挑战，还能提高获得指导和赞助的可能性。

 **指导小贴士**

- 确定你的公司是否有正式或者非正式的指导项目。如果有这种项目，就可以找到有可能给你提供指导的人。另外，同时拥有男性和女性的指导者不是什么坏事情，因为每个人都会有与众不同的经历，都会对你在竞争中胜出有所帮助。
- 如果你的公司没有这样的指导项目，那就在赛场的边上看一

看——那是那些赢得比赛的人待的地方。找几个你钦佩的人，问问他们是否愿意每个月拿出 0.5～1 小时的时间，甚至 15 分钟来解答你关于职业发展的问题。时间的长短要具体，这样的话他们不会觉得耗费了太多的时间。另外，要说清楚，你会根据对方的情况安排好时间和议程。你让他感觉越容易，他答应你请求的可能性就越大。

- 登录 mentoringgroup.com，订阅《指导者指南》(*The Mentor's Guide*) 和《被指导者指南》(*The Mentee's Guide*)。这两本小册子在建立指导的角色和培养责任方面都非常有帮助。在你跟导师第一次会面时，送给她/他《指导者指南》，说明你自己学习到了什么，用它来讨论你们之间如何建立指导的关系。

- 视具体情况要求有关人员提供支持。这些人可能包括你的导师，但也可能是那些还没有指导你的人，他们对你的工作很熟悉，而且他们的职位可以为你提供帮助或推荐。"视具体情况"指的是要求提供与某一特定机会有关的支持，而不是简单地要求对方在什么好机会出现时都记住你。例如，让一位律师为你想要的晋升写一封推荐信，或者推荐你进入一个委员会，这样可以让你在执行管理层中获得更高的关注度。你说得越具体，对方采取行动的可能性就越大。

- 加入公司里的"关爱小组"。许多公司为工作中遇到共同挑战的人成立了小组，为他们提供支持。查一查你所在的公司是否有针对女性的小组，如果有，就加入吧。你会经常发现有资深女性想要指导更年轻或者级别稍低的女性，这会让你找寻导师的工作变得轻松许多。

这是我要做的事 ☐

错误 6 只会拼命工作

很多人都说:"女性必须付出双倍的努力,才能获得男人成功的一半。"因此,广大女性就像一只只蚂蚁——不停地工作,工作……她们抱怨比别人做得多——她们的确比别人做得多!说她们只要拼命工作就能人前显贵,这毫无道理!事实上,没有人仅仅因为拼命工作而升职。还要有亲和力、战略性思维、人际关系网、团队精神,这样才能打造成功的职业生涯。

在每一个组织中,都有一个努力工作的底线。有些组织的底线比其他组织的要高。我跟很多专业的金融服务公司合作,这些公司不仅希望员工努力工作,而且还明确要求员工这么做。而女性则表现得更为极端化,她们比男性同事要努力得多。当你持续超过这个底线时,你却并不总是得到认可,而且通常会分配给你更多的工作——因为你展示给别人的是你能做而且愿意做。

有时候,我认为女性努力工作,是因为擅长的事情她们更容易做,不擅长的事情则不那么容易做。有一位女性跟我抱怨,跟她一起工作的一个家伙,每逢足球赛季,都会在周一的早晨先花半小时跟老板讨论周日的比赛。

"多浪费时间啊!我都忙疯了,他们却在那里讨论足球!"她叹息着。更让她不爽的是,这样的人还经常拿到重要的任务。女性通常认为,在早晨八点到下午五点之间,就得全神贯注地处理手头的工作,除此之外的所有事情都是在"浪费公司的钱"。而男性则认为不管是聊足球还是上周末的高尔夫球比赛,他们都是在建立关系,这种关系以后对他们的工作是有用处的。在这种情况下,她的男性同事就跟老板混熟了,而老板也能更了解这些团队成员。因此,当出现职业成长的机会时,他就会选择这些人。因为他熟悉他们,而且跟他们相处融洽。

这是企业里隐藏最深的一个潜规则:人们不会仅仅因为努力工作就能得到雇佣和晋升。某个人得到提升,是因为决策者了解那个人的性格,他相信那个人不但有能力把工作做好,而且还能促进和谐的团队关系。因此,女性一味埋头苦干,实际的效果是更不利于追求自己的梦想——做更有意思的工作,获得机会来展示自己的价值。

指导小贴士

- 准许自己"浪费"一点时间。如果每天用来建立人际关系的时间不足5%,那就有问题了。
- 限定你的工作时间,并且严格执行。记住帕金森法则:永远都会有工作填满你的时间。这并不是说一次都不用加班,但是如果你总是最后一个离开办公室,那就有问题了。
- 每天开始工作时,确定你要完成的事项。如果在白天有人丢给你其他工作,你可以通过刻意推迟完成来避免别人随意派给你工作。

这是我要做的事 ☐

错误 7 做别人应该做的工作

杜鲁门说"责任止于此"的时候,肯定是在考虑女性。我们倾向于不但对自己的工作负责,还对别人的工作负责,而这种倾向却是一种自我挫败的行为。是的,你有责任向老板提供高质量的产品或服务,但这不仅仅是你的责任。我们女性有一个很不好的习惯,总是说:"唉,我要是不做,就没人做了。"如果你这么想,最后去做那些事的肯定就是你,而且在很长时间内都会是由你来做。

担负太多责任还会产生另一个问题。当女性忙着做繁重工作的时候,男性却正在塑造他们的职业生涯。他们不是傻子。获得晋升是对完成工作的奖励,而不是对工作本身的奖励。我曾经有个老板,他跟我说世界上有两类人:有野心的人和勤奋的人。勤奋的人忙忙碌碌,不停地工作。有野心的人则花时间来打理职业生涯。事实上,二者兼顾才能获得成功。

指导小贴士

- 别再自告奋勇去做那些不受关注也无足轻重的工作了。如果管不住自己,宁可把你的手坐在屁股底下,也不要举起来。
- 有人对你的工作分配不妥当的时候,你要能够识别。练习一下毫无歉意地说:"你知道,我很想帮你做这个,但是我已经忙得不可开交了。"然后就不要再说什么了。避免产生帮他们解决问题的想法。那是他们的难题，不是你的。
- 如果你是经理或者主管，不要让员工反过来向你委派工作。当你的下属抱怨不能执行某个任务或者他们没有时间的时候，这种事情就会经常发生。不要因为你自己做的话工作会很快完成就接手别人的工作。相反，建议他们找个合作者寻求技术帮助；或者，如果你有时间，利用这个机会来进行指导。
- 用自我暗示的方法来消除拒绝别人之后产生的负疚感。比如，对自己说："我满足了自己的需要，有什么值得歉疚的。"

这是我要做的事 □

错误 8 只知工作，不知休息

"如果你需要完成什么，就把它给女人。"这句话有一定的道理。女性会为了完成一个项目而马不停蹄。只工作不休息，不仅有害健康，实际上也会妨碍你的最佳表现。生产力专家建议：要保持最佳的注意力和准确性，每工作 90 分钟就得休息一会儿。"从生产力的角度来看，如果你要求自己的大脑每天持续工作 8 小时，边际回报就会递减。"职场心理学家珍妮特·斯卡伯乐·西维特利博士这样认为。

片刻不停，埋头苦干，还会让人感觉你做事没有节奏，效率不高。有位管理人员告诉我，一位女副总向他汇报工作时总会让他感到"不舒适"，因为她常常看起来劳累过度而且饱受折磨（这个形容词极少用在男性身上）。在午餐时间还要工作，或者连出去透透气都舍不得，是不会让你领先的。如果给人留下的印象是你常常忙得不可开交，这将会降低你获得认同或得到特别项目或任务的可能性。

如果你还觉得匪夷所思，那么请听一位叫克雷格·杰诺的时间管理专家的话，他自称是时间管理忍者。他列出了你应该休息的五个原因：

1. **获得新视角**——当你埋头工作时，你会忽略周围发生的事情。开始某个项目后，优先的重点也许会改变。休息一会儿可以让你能够更加聚焦，跳出困境。

2. **补充体力**——人人都需要给身体"充电"，要不然体内的能量最终会消耗为零。身体和大脑都需要通过休息来恢复。

3. **重新聚焦**——注意力很容易分散，从而降低工作效率。稍事休息可以让你应付那些使你分心的事情，然后将能量重新聚焦在更加重要的工作上。

4. **咨询建议**——没有人可以完全独立地工作。从其他人那里寻求建议可以节省许多时间和精力。也许你正在做的事情，别人以前也做过，因而他们可以为你提供省时的小窍门。

5. **照顾好自己**——生活是一场马拉松，而不是短跑冲刺。一直保持百分之百的速度，你会精疲力竭。即使一流的机器，不进行保养，也会坏掉。务必好好保养自己的身体。

指导小贴士

- 养成休息的习惯，至少每90分钟从工作中抽身休息一会儿。
- 每周开始的时候，在日程中至少安排一次午餐聊天。

- 每天安排一些时间去同事的办公室转一转，聊聊天。如果别人顺路到你这儿，停下手中的工作，邀请他们进来。
- 利用电脑的闹钟提醒功能告诉自己休息时间到了（闹钟响的时候就要休息）。
- 好好利用午餐时间。参加演讲俱乐部，或者出去买点儿什么，这样可以让自己在工作结束后早点回家，或者就简单地散个步，为下午的工作做好准备。
- 如果你现在还在想，我没时间这么做，你肯定是工作得太多了。

这是我要做的事 ☐

错误 9　太天真

女性可能不会依靠天真来赢得市场，但是我们确实容易接受人家表面上的说法，但其实有些话背后的动机耐人寻味。我们通常不会深究别人的话是否属实，可能是因为我们不想让他们难堪，也可能是因为我们只想看到他们善良的一面。因为一心忙于工作，我们经常会忽视身边那些显而易见的细节。

丽萨，就是因为天真而惹了很多麻烦。她在一家全国知名的非营利机构做开发主管。她的部门工作效率很高，团队成员配合默契，互助互爱。每年丽萨都率领他们超额完成筹资目标——直到她招聘了亚当。他是某个董事会成员的儿子，丽萨的同事警告她聘用这个人不会有好事。

但是丽萨觉得只要建立了基本原则，并且保持跟亚当的沟通渠道顺畅，就应该没什么大问题。

但是只过了几个月，她的团队士气开始涣散，斗志逐渐下降，团队成员不能完成每月的目标。有几个成员私下跟丽萨说，亚当在背后说她的坏话，而且散布谣言诋毁她。丽萨的经理有几次把她叫到办公室，来讨论她团队的不安定局面。在丽萨的职业生涯中，这是第一次被人认为不能胜任领导职位。

当她跟亚当敞开来谈论这些问题的时候，亚当矢口否认做了破坏她权威的事情。丽萨认为应该信任他，就跟他重申了自己的期望。但是问题变得越来越严重。董事会成员开始就那些不断出现的问题质询该机构的负责人。最终，丽萨离开了这家机构，另谋高就。但是她选择的职位，已经跟亚当来公司之前她所规划的不一样了。

每当我们看到别人的天真烂漫时，总会感觉神清气爽。有的时候，年轻人刚刚开始职业生涯，这份纯真会让他们受益，人们禁不住想要去指导他们，或者给他们解释"路规"。但是如果经验丰富的专业人士表现出天真，我们就会对他产生怀疑。女性表现得天真，就会让人深刻感觉她没有足够的能力审时度势，或者吸取以往的经验教训。

 **指导小贴士**

- 如果有什么事情不对劲，那就寻求解释。如果有人轻看你对解释的需求，那就值得怀疑。
- 养成习惯——问自己"别人的动机可能是什么"？但不要总是设想最坏的一面。
- 做重大决定时，不要只依赖一个人的专业意见，从多个可靠的人那里征求意见。

- 如果除了你,其他人异口同声说"这事儿,做不成",但是你觉得"嗯,我能做得到",那么要注意——你太天真了。
- 相信你的直觉。如果有个东西看起来像只鸭子,叫声也像鸭子,走路的样子还是像鸭子——那它就是一只鸭子。
- 读一读《看人看到骨子里》(*Spy the Lie*)这本书,是飞利浦·休斯顿、迈克尔·弗洛伊德和苏珊·卡尼赛罗三个人合写的。前中情局探员能帮助你识别说谎行为,免得落入圈套。

这是我要做的事 ☐

错误 10　花公司每一分钱都思来想去

习惯精打细算的女性,甚至是那些花钱毫不犹豫的女性,也会陷入过度为公司精打细算的误区。她们宁愿给自己带来不便,或者最小的开支也都要思忖半天,却不敢在合情合理的商务开支上多花公司几个小钱。有的女性则像爱惜荣誉勋章一样爱惜公司每一笔资金。其实大多数情况下,她们为公司省下来的钱实在无关痛痒,完全可以忽略不计。

我每天满世界跑来跑去为客户奔走,他们会给我支付费用。而我对待他们的钱就像对待我自己的一样——节俭,这一点我感觉很自豪。最近有一次我跟一位男同事聊天,说到了现在飞机票价的持续上涨,而我又非常反感把这些差价算到我的客户头上。他被我对这些巨兽公司的担心逗笑了。"我就不会像自己掏钱那样对待自己,"他说,"我会对自己好一点。如果他们需要我抵达的时候精神抖擞、容光焕发,可以立刻投入工作,那我就会坐商务舱,不管票价是多少。他们了解做生意的成本,你也应该知道。"唉……虽然我骨子里的乖乖女还有些犹豫,但是我知道他是对的。

我这里还有一个例子。有一家大型制造公司的女高管,她的助理工作了22年后要退休了。这位因为节俭而远近闻名的高管,安排了一场送别会,但竟然需要自带盒饭!本以为她肯定是把钱省下来去买个好点儿的退休礼物,几个员工就问她是否需要帮忙去买。这位高管,没有一点犹豫,也没有一点尴尬,说,她认为"有这个送别会就够了"。你可以想象,街头巷尾关于这个高管的议论,一定会说她抠门,说她考虑不周。如果公司的财务状况不允许,自然另当别论。但是这家公司财务状况远远没有达到那个程度。实际上大家都知道,这家公司的男性高管为长期工作而又忠诚可靠的员工办送别会时,出手相当大方。

如果舍不得花钱,你就在没有意义的事情上浪费了时间和精力。再者,大家可能会觉得你还没有准备好融入这个大家庭。另外,你肯定没有珍惜公司最重要的资产——你自己,还有其他人。

 **指导小贴士**

- 考虑一项开支时,要着眼全局,看这项支出对重要的事情能发挥什么作用。

- 如果你有预算,那就用了它。没几个公司会因为节俭而奖励员工,甚至都不会注意到有人勤俭节约。

- 不要吝啬为下属花些小钱。吃午饭时替他们结账，或者哪个下属生病住院的时候送一束鲜花，这样的花费都不会超出预算，但是会博得好感，收获忠诚。
- 除非你接到什么指示，否则不要因为需要花钱而请求批准。如果有问题，别人自然会告诉你。就算真的出了问题，也用不着道歉。简单地告诉对方你明白了，并且问清花钱的权限。
- 如果你的脑海中有这样的声音：我不确定该不该花这笔钱。那就反问一句：如果不花这笔钱，那么代价（时间、资源、友善、金钱）有多大呢？

这是我要做的事 ☐

错误 11　坐等天上掉馅饼

我经常听到女性对自己的需求没有得到满足而表示失望，因为她们并没有开口提什么要求。我觉得难以理解。有没有听说过"会哭的孩子有奶吃"？当然，如果你是贪得无厌的人，人家也会拒绝你的变本加厉。不过，更多的时候，女性自己会觉得自己要求太多，其实不然。如果你不要求，虽然不用担心遭到拒绝，但是你也不会得到你想要的东西。

女性朋友鼓起勇气要求加薪的时候最能体现这一点。她们经常感觉自己做错了事，或者没有权利去要求本就属于她们的东西。我曾经在人力资源部门工作了很多年,我知道男性很在意他们自己的需求,但是经常把女性值得的或者应得的东西减少到最低限度。

有个客户打电话告诉我,她还没有拿到奖金,而其他人都收到了,可能跟她调到了一个新近成立的部门有关。我就问她是怎么想的。因为在面临某种无法理解的情形时,人们通常会在大脑中编造一个故事,认为出现这种情形肯定跟没有受到尊重或者忽视她的存在有关。这让她十分困扰,以至于夜不能寐。很明显,她需要做点什么,但是她又犹豫不决,不知道该不该"兴风作浪"。

聊了好半天,我们终于梳理出来她应该怎样询问人力资源部经理,来弄明白她没有得到奖金的原因。她本来想采取的方式就是问一问她是否有资格获得奖金。这是典型的女孩行为——如果有人曾经允诺给你什么,就不要怀疑自己是否有资格!我跟她说不要去询问是否有资格,而是要去问明白为什么没有收到有资格收到的奖金。她可以走进去说:"前两个发薪日我没收到奖金,我想知道什么时候可以收到。"

你猜怎么着,根本就跟尊重或者身为女性什么的无关,只是人事经理马虎了而已。在所有调换岗位的员工当中,她是唯一一个要在不久后进行绩效考核并且评定年度加薪的人。人事经理决定把奖金的安排也推迟到那时候,这样他就可以一次性完成所有准备文件。但是她的绩效考核因为新的任务而耽搁了,人事经理因此忘记了她的奖金的事。如果她不问,人事经理可能很长时间也想不起来,她就得因为这一桩事很长时间睡不着觉。

这件事情给她带来的教训是双重的:第一,与其臆想消极的故事,不如探究事实。第二,不要坐着等别人送来拖欠的东西——主动去把它要回来。

 指导小贴士

- 提要求之前,做好心理准备。想好你要什么,以及为什么你会有这个要求。提要求时,直截了当,每一项要求都带有2~3个合理的原因,说明为什么你应该得到你所要求的东西。可以尝试使用"错误90"中列明的脚本。

- 可以考虑采用既定事实这一谈判技巧。也就是说,用陈述的语气来表达你的需求。比如,"我想增加一万美元的预算,用作明年的培训"。就不如说,"我增加了一万美元的培训预算,用来招募新的员工以及引进新的技术"。

- 读一读《女性谈判技巧——成为成功领导者的五大挑战》(*Her Place at the Table: A Woman's Guide to Negotiating Five Key Challenges to Leadership Success*)。作者描述了女性在谈判中遭遇的常见问题,也给出了克服这些问题的现实建议。另外这本书还描述了在你追求想要的目标的过程中,伴随而来的隐性问题。

- 把别人对你的好恶跟获得你应得的东西这两件事区分开来。如果你以适当的方式来要求你应得的东西,但是别人因此突然就不喜欢你了,那么那个人以前喜欢你就是装出来的。他只是希望你顺从他的意愿,不要惹他不开心。

- 选好时机来要求你想要或者应得的东西。在发薪日之后去请求加薪不是好主意;某个关键项目的中期去请求调到另一个部门也不是恰当的做法——这会让人觉得你想逃避工作。掌握好时机,要求得到满足就不会太难。

这是我要做的事 ☐

错误 12　回避办公室政治

跟着我念:"办公室政治并不低俗。"尽量回避办公室政治就好像努力躲开天气一样。你喜欢或不喜欢,办公室政治就在那里。它是工作进行的方式——不论在职场、在官场抑或在专业机构。不参与办公室政治,你就没有参与竞争;不参与竞争,你就不可能取胜。

政治的生意,简单来说就是关系的生意,所以要了解每一种关系中固有的交换条件(用一些东西换取另一些东西)。由丹尼尔·戴·刘易斯领衔主演的电影《林肯》完美地诠释了这一术语。在电影中,林肯为了确保通过宪法第十三修正案,也就是废除奴隶制度,他派出他的盟友与国会中的立法者达成了交易,以换取他们的选票。只要目的正当就可以反推手段也正当吗?没错。它改变了历史的进程以及无数奴隶的命运。

有意思的是,和我一同去看这部电影的一个女性朋友认为,这是这部电影的一个败笔——我认为大多数女性会同样对这种交易感到不舒服,因为她们觉得这有一点虚假。男人呢,正好相反,他们认为投桃报李是理所当然的事。事实上,我读过一篇关于这部电影的影评(是一个男性写的),文章赞扬了林肯运筹帷幄以实现所有人都生而平等的远见(女人要和男人生而平等,似乎还要等更久)。

在成功的职场人际关系中,不管是和老板还是和同事,你都要清楚地说明你可以向对方提供什么,以及你需要从对方那里得到什么。这种关系无所不在,一切都不言自明。想一想和最好的闺蜜之间的关系:你可能需要她的建议,或者你需要陪伴——比如做你的壁球搭档,或者为你做其他各样的事情。如果她给予你这些，你一定愿意投桃报李，把她需要的给她。这可能从来都不需要讨论，你们的关系中蕴含了这种交易。办公室政治也是如此。每每你尽力为他人做某事或满足他们的需要时，你就挣到了一个"筹码"，将来你可以用这个筹码兑换你需要的东西。

指导小贴士

- 处理办公室政治就跟谈判一样。花点时间了解别人需要什么、你能提供什么，以及如何能促成一种双赢局面。

- 记住：政治上的交易就是用一物换另一物。不要只是给予，想想你自己需要交换些什么。别害怕兑换自己的筹码。

- 从长远来看，通过放弃比较小或者比较次要的东西，你也许会成为最终的赢家。如果你这样做了，你就有了储蓄以备他日之需。

- 别回避你想象中的政治问题。你需要融入这样的环境。在政治环境中工作，要让他人把你视为问题的解决者，而不是制造者。

- 读一读《智者生存——职场制胜权术》（*Survival of the Savvy: High-Integrity Political Tactics for Career and Company Success*）。有的人认为作者是在教唆人们虚情假意，但是我相信他们说出了一个困难话题的残酷真相。他们给出的建议，哪怕只是采用了一半，也能让你在应对职场政治问题时比现在的水平高出两倍。

这是我要做的事 ☐

错误 13 讲真话太直接

《首席信息官》杂志声称,披露组织内违法行为的女性比男性更有可能招致报复。你可能认为如果在组织内部拥有更高的级别,就能保护自己远离报复。研究显示对于男性这一点是适用的,但是对于女性呢?没这么幸运。

"9·11"恐怖袭击和21世纪伊始企业金融交易丑闻的频发,给我们展示了三位"凭良心,讲真话"的女性的极端案例——最终,她们被遗忘、被隔绝,或者遭受折磨。

第一位,安然的全球财务副总裁莎朗·沃特金斯,她在公司崩溃很久以前就曾警告公司总裁,也就是已故的肯尼斯·莱,说她对公司的会计惯例表示不安。2001年8月,她曾写过一份备忘录给肯尼斯,抱怨公司的个人投资伙伴蒙着"神秘的面纱"。"我非常担心我们会爆发出一系列财务丑闻",沃特金斯写道。"我们处于太多的监管之下,有一两个'被调离的'员工心怀不满,并且对'可疑的'会计问题知道得比较多,可能会让我们陷入困境。"非常遗憾,肯尼斯没有理会沃特金斯的警告,这对于他以及安然成千上万的员工来说是一大遗憾。

第二位,辛西娅·库珀,曾任职于世通公司的财务审计部门,上级让她忽略不正当的财务程序,而其中涉及大量资金的侵占。这时她别无选择,只得向董事会汇报。当然,这家声望颇高的企业集团由此走向终结。虽然陌生人对她的勇气给予了嘉许,但是跟她一起共事的人却纷纷指责她,避之唯恐不及。

最后一位,曾任联邦调查局律师的科琳·萝莉。她站出来揭露了

"9·11"恐怖袭击前,FBI对恐怖行动的证据处理不当,成为FBI敢讲真话的人。虽然她赢得了公众的赞誉,并且成为2002年《时代》杂志"年度风云人物"之一,(另外两位是沃特金斯和库珀),但是她被联邦调查局里的同事唾弃,无法赢得她竞选的国会席位,也被剥夺了担任"9·11"委员会成员的机会,而她曾被提名担任这个职位。

这是否就是说女性不应该按照她们的良知以及道德和伦理标准来行动呢?根本不是。但是与男性相比,女性更有可能指出公司制度和实践之间的差异。而大多数男性在认为有必要,或者在无伤大雅的情况下,更容易做出变通。

我来给你看个例子。克劳德特是一家大型娱乐公司的高级助理,她的上司是负责顾客关系的副总裁。他经常上班迟到,而且还希望克劳德特能替他遮掩。有时候部门总裁早晨九点半打电话过来,她就扯谎说她的上司在"开会"或者"离开了座位"。这时候她总会觉得如坐针毡。在她看来,公司的办公时间是从九点钟开始,那么他就应该准时出现在这里。类似的情况还有,如果他耽搁了每周费用报告,他就会把费用发生的日期改到当前这一周,这样他就能报销之前某一周或者某个月发生的费用了。

起初她会提醒上司注意规则,他就会哄着她,让她不要那么较真。跟这位上司工作了一段时间之后,克劳德特去人力资源部门投诉。她认为她的上司要求她做这些事,违背了她的价值观和伦理。不过,人力资源部门认为对于这个要求没那么严格的特定公司而言,这都算正常现象。如果她想跟上司保持融洽的关系,就应该更加配合老板。

因为没有办法转变自己执着的想法,最后她要求换个上司。人力资源部门很愿意帮忙,但是他们也知道克劳德特会在这家公司的大部分高管那里碰到同样的问题。她的上司要求她做的事情实在没什么大不了的——既没有违背伦理,也没有违反道德。虽然她最终调到了另外一个被公认为循规蹈矩的上司那里，但是人力资源部门从那时起，就认定她过于正经，也知道今后该如何限定她的晋升或者调动了。

这个故事告诉我们，如果想把公司内存在的轻微违背制度或程序的行为曝光，那么你需要权衡利弊，要考虑可能出现的后果。莎朗·沃特金斯，辛西娅·库珀，还有科琳·萝莉都因为"讲真话"受到世人钦佩。在这些案例中，对于这些公司，这个国家，乃至她们自己，后果都是极其严重的。但是，我们大多数人只需要理解职场的现实就够了。

 **指导小贴士**

- 职场并非讲坛，不要用它来宣扬你的思想。
- 如果有人让你做违法的、违背道德或者伦理的事情，你要考虑备选方案，它要能够保护你免受牵连，还能把你解脱出来，而且不会被贴上告密者的标签。
- 不要把"做好事"和"做正确的事"画等号。站在批判的立场上看问题也许会让你感觉良好，但是要明白，这却不会让你获得成功。
- 选择战斗要谨慎。问问自己，讲真话所冒的风险跟潜在的好处比起来，是否值得。肯定有一些时候是值得冒险的——好好算计算计。

这是我要做的事 □

错误 14　保护"不聪明的人"

我不明白女人怎么就这么能招惹"不聪明的人"。我们就像是"不聪明的人扑蝇纸"。不仅比男人更吸引"不聪明的人",而且我们对"不聪明的人"的包容也更久。因为我们通常会避免使别人难堪,所以我们让他们占用了过多的时间;为他们所犯的错误背黑锅,给他们的行为找借口。男人身上似乎有个更加灵敏的"不聪明的人探测器"。他们在一里地外就可以嗅到"不聪明的人"的气味,然后躲得远远的。

格丽塔是女性保护"不聪明的人"的一个典型例子。她是华尔街的监管专家。她的工作是确保贸易合法,并在她所属的这家全国知名公司制定的指导原则范围内进行。格丽塔的上司就是个"不聪明的人"。他对规定一无所知,即便这样,他还是喋喋不休地告诉格里塔该怎么工作,而且还经常给她和别的同事发出错误的信息,这些信息会给公司造成重大的责任问题。尽管格丽塔竭力劝说他,这么做有失妥当,他仍然坚持要求格丽塔按照他说的做。

当部门的副总经理询问为何最近几次交易出现这么多错误时,她并没说明自己只是听从了上司的指示,结果她的业绩考核被降了一级,收入也相应减少,计划中的晋升也推迟到了来年。格丽塔维护她的上级的行为,不仅使自己得不偿失,而且使公司处于因违反法规而被处罚的危险中。

 **指导小贴士**

- 相信自己的直觉。如果你觉得某人是个"蠢货",那么他或她很可能就是这样。
- 跟"蠢货"保持距离。不要因为他们受到牵连。
- 不卑不亢且不失礼貌地跟"蠢货"说哪儿凉快到哪儿待着去(错误119中有更多说明)。
- 如果"蠢货"的某些行为让你受到指责,不要犹豫,告诉指责你的人谁才是真正的罪魁祸首(这才是格丽塔应该做的)。可以这样说:"我明白你为什么这么生气了。你为什么不和克里斯谈谈,看看他为什么想那样做?"
- 如果你的老板是个"蠢货",那就另找一份工作吧。创造性领导力中心通过调查发现,尝试改变一个上级只是在浪费你的时间而已。员工无法改变老板的行为。所以不要再奢望他或她会改变,还是把你的需求放在第一位吧。

这是我要做的事 □

错误 15 做闷葫芦

因为害怕别人说我们气势凌人或者爱出风头,广大女性常常像个

"闷葫芦"一样，把该说的话闷在肚子里。想一想有多少次你保留了意见，而另一位男同事赢得了掌声，其实他说的跟你想的一模一样。记住，爱出风头这种指责，就是让你闭嘴，就是人们惯用的伎俩，让你觉得拥有自己的观点或者另一种想法是件坏事情。管住了嘴不说话，只会让你职场不得意，跟你大胆讲出来你相信的事情相比，会让你显得缺少想法。

来看看玛丽琳的情形。她跟一个被公认为属于黏着剂型的男同事陷入了一场邮件战。对他来说，没有什么事情是重要的，因为他太忙了——忙着指责别人。有一段日子玛丽琳花了大部分时间来附和他，免得遭到他的指责，但是最后他还是"粘"上了她。我问她为什么不这样告诉他："我觉得指责没有任何好处，我们应该关注问题本身。"她说她不想火上浇油。我给她的建议是下一次他指责她的时候，她应该把争论转为解决问题式的讨论。她可以说点儿中性的话，比如："指责不会解决任何问题，乔，让我们来谈一谈如何解决我们两个部门之间的沟通问题。"即便他回击说："我不是在指责，我只是在查问题的起因。"她就可以像破唱片那样重复说："就算是那样，我也准备好了进入解决问题的阶段。"

对于这种局面，我还得插几句有趣的题外话：玛丽琳是个50岁的意大利女性，她的身上有很浓厚的布鲁克林传统色彩，而且她嫁给了一个比她大很多的男人。当我们探究是什么原因造成了她选择了这样的解决方式时，很明显她的传统社会意识使她默许了"大男子主义"的男人。我告诉她，这场游戏的名字叫作"入乡随俗"。换句话说，她的做法在家里回应他老公或者她父亲是妥当的，因为那是她家里的规则。但是在职场中，规则是截然不同的。

 **指导小贴士**

- 不必以唱反调的形式表达反对意见。你可以这样做：首先承认别人说的话，然后再阐明你的观点。比如这样："如果我对你的观点理解得正确，你认为我们应该把乔送进斯坦福进修，我建议我们要多考虑几个更有资格的员工。"准备2～3个好理由来支持你的观点。
- 开会的时候多冒几次险发表你的观点。每次开会至少发言一次，这样就会一次比一次轻松。
- 不要忽略前辈们的惯例和传统，但是至于什么时候、在什么场合、怎么应用，可要慎重选择。
- 要抵消给别人造成的盛气凌人的感觉，表达完你的观点后，你可以加一句询问的话。比如："我是这么看的，我想知道大家是怎么想的。"

这是我要做的事 ☐

错误 16　不愿意适当利用人际关系

一名女性顾问写了一本新书，但是找出版商的时候却遇到了困难。我建议她去找找关系，引起某位编辑的注意。她说她老爸就是一位在业内享有国际知名度的领导者，和这个编辑关系不错。我问她为什么没跟编辑提起这件事,她说她不想弄得好像沾父亲的光似的。这一点,女性跟男性又不一样了。男性依靠关系来为他们打开大门,他们不认为这是利用了谁。说实在的,他们培养人际关系不就是为了这个嘛!

沾名人的光与利用关系来打开门路是有区别的。事实上利用人际关系可以促成一切交易,从汽车买卖到咨询服务,等等。我们跟自己喜欢的人做生意,并且信任他们的判断力。这跟同谋犯罪截然不同,我们是通过正当关系获得的。不要害怕把你的人际网络中的人串连起来。

指导小贴士

- 如果你想引起某人的注意,可以征得某位同事的同意来提及他的名字。例如:"我记得你以前说起过埃伦·托里斯,我正想约她见一次面,如果我对她说起我认识你,可以吗?"
- 要求别人为你引荐。在会议或者聚会上,如果你希望认识某人,可以请活动的组织者为你作介绍。
- 为别人介绍具有相同爱好或者需要的人。这有利于对方以相同的方式回报你。
- 要求举荐。如果你正在找工作,或者只是寻找信息,问问别人能否向他们认识的某人举荐你,或者能否在打电话的时候提到你的名字。

这是我要做的事 □

错误 17 不了解选民的需求

英国前首相玛格丽特·撒切尔由她的父亲一手培养，他经常告诫撒切尔要认可自己，不要被别人的观点左右。她把这一教诲铭刻在心，这为她赢得了"铁娘子"的称号。但是在提议人头税后，她发现自己卷入了一场争议中，正是这种强势导致了她最终的下野。尽管之前有种种迹象表明，她的选民强烈反对这项税赋，撒切尔仍旧告知那些敦促她重新考虑立场的劝告者："如果你想掉头就掉吧。撒切尔夫人不会掉头。"

虽然我们不是字面意义上的政治家，但是我们都有选民——就是我们为之服务的人。不管我们为他们提供的是产品还是服务，我们都必须知道他们的需求和期望——如果他们认为我们有附加价值的话。很多女性陷入的误区是她们认为自己对选民了解得非常透彻，不会事先去问关键的问题。

毕琳达，为一家工程公司做技术顾问。她思维敏捷，办事干练，而且对业务从里到外都了解得十分透彻，以至于别的顾问都来找她咨询。几年前毕琳达发现她的业务不像她期望的那样成功。她会把初期的项目卖给一家公司，却发现自己没有得到回头客。

有一天，有一个跟毕琳达有点交情的客户问她，会不会介意他给一些反馈信息。他说，他们公司很欣赏她的专业能力，但是不欣赏她的强势。她听到之后非常震惊。她本以为她提供了最好的建议，也总是把为客户赢得最佳利益这件事放在前面。但现在，她发现她不愿意聆听客户的实际需求，而这阻碍了她被当作公司的附加价值。人们不觉得她平易近人，而是很难相处。

这些话让毕琳达难以接受，但是她也非常明白事理，知道这些反馈是一份礼物。如果这个人的公司有这种感受，那么其他公司肯定也如此，只不过没有告诉她。相反，像大多数不满意的客户一样，他们干脆不再让她提供服务了。这就是为什么她的业务没能像期望中那样增长。

只做了一点点改变，毕琳达就扭转了局面。在初步诊断客户需求并且展示自己的想法和建议之后，她会停下来征求意见。如果她的想法受到大家质疑，她不会再认为这是客户对"正确"做事方式的无知（并且更努力地推销她的想法），而是转而聆听并且询问更多问题。她发现初期的拒绝通常都是由沟通不畅引起的，进一步沟通可以消除这一差距。在某些情况下，她发现尽管客户想要以一种与她预想的不同的方式来实现她的想法，但这些改变实际上是有效的，而且她还能把这些改变用于跟其他客户的合作中。

她知道自己的智慧和能力，却看不起那些可能没有她那么有才华的人。我们能从中学到的是，解决问题的方式通常不止一个。你必须当心，不要成为自己成功路上的牺牲品。

指导小贴士

- 读一读大卫·梅斯特写的《值得信赖的顾问》(*The Trusted Advisor*)。稍后在错误63关于咨询能力的那部分中我还会提到这本书。不过，这本书的确很好，我认为提两次没有大碍。梅斯特谈到了建立选民对你的信任并且服务于双方的方式。这本书还配有练习册，我都列入了阅读清单中。
- 做正确的事情要比正确地做事情更重要。如果收集的数据显示改变你的想法是正确的，那么做出改变不是软弱的表现。

- 要真正了解你的选民的需求。如果你不知道,那就去问。记住,每种关系中都有交易——用一件事来交换另一件事。
- 要把广泛征求意见和了解选民需求这二者区分开来。不能独立做出决定的时候要进行投票来征求意见(参见错误23,有更多关于投票的内容)。了解他人的需求是在获取信息,你可以借此作出决定并影响对方。
- 如果遇到抵制,不要急着过度推销,因为这样通常会导致双方对立,或者造成我赢你输的局面。相反,让阻力变成一个提示信号,提醒你这时该放弃原有立场,转变为积极的倾听者。

这是我要做的事 ☐

第三章

如何更好做自己
—— *How You Act* ——

莎士比亚在短剧《皆大欢喜》中这样提醒我们:

> 宇宙浩瀚,犹如舞台
> 芸芸众生,皆为演员
> 有人登台,有人下场
> 人之一生,角色种种

能否在商界取得成功,取决于你是否清楚自己的角色,并且能够演好这个角色。听起来我好像是在建议大家弄虚作假,但事实上不是这样。真正的演员能否成为主角,判断的依据是他们的演技;而判断我们的依据,是我们能否理解职业化行为的精妙。

可以说,本书每一章描述的行为都涉及"如何行动"。不过这一章却略有不同,本章主要集中讨论女性行为中一些微妙而典型的方式,它们会给人造成一种错误的整体印象，令人低估女性的实际能力。人们不会根据我们的意图来了解和评价我们；他们通过我们的行为来了解和评价我们。

太多的女性错误地以为她们得像男人一样行动才能取得成功。这些人跟那些不能理解游戏规则、也不知道男性和女性的规则并不相同的人是一样的。我接下来会讨论，我们的目标不是要努力模仿男性，最终却邯郸学步；也不是要保留孩提时代被教成的乖乖女模样，而是要蜕变为成年女性。

我想要提醒你，这本书里描述的每一种行为都没有大的危害——但把它们中的几种放在一起，便透露出一个女人潜在的天真、对认可的需求和缺乏自信。而事实是，我们大多数人都不止犯了其中的一个错误。

错误 18　很难完成从乖乖女到成功女性的转变

我和卡罗尔·弗罗林格写作《乖乖女得不到》(*Nice Girls Just Don't Get It*)的时候,我想阐明的是,跟乖乖女相对的不是坏女孩而是成功女性。其中的区别是:乖乖女的行动做派招人喜欢,而成功女性则是知道她要什么,清楚她前边有什么,凭借高好感度和情商实现这二者,最终取得成功。下面的图列出了成为成功女性必须采用的行为方式。

当你做出理智的决定,从那种小时候被教化的小女孩蜕变为成年女性,困难就来了。开始的时候,你斗志昂扬,但是当你被周围的人抵制的时候,你的热情会消退。我和卡罗尔这样写道:

乖乖女发现当她们试着做出改变，把自己的需求放在前边的时候，其他人会努力让她们认为自己自私或者冷漠而感到歉疚。也就是说乖乖女想要改变，而其他人则想维持现状，因为这对他们有好处。成功的女性把抵制看作建立人际关系的必要组成部分。

很多女性的问题是选择阻力最小的路径，从而躲开伴随着改变而来的冲突。好消息是大多数阻力都是可以克服的。只需要不屈不挠并且采用有谋略的方式你就能应对乍看上去感觉不可逾越的障碍。

 **指导小贴士**

- 如果遇到了阻力，你就是运行在正确的轨道上。这意味着你在坚持你自己的需求。根据情况，一定程度的阻力是不可避免的。不要因此而气馁，而是要利用它来实现你的目标。

- 在低风险情形下练习应对阻力。选择不会给你的生活带来巨大改变的情形，用它作为起点来证明自己。花钱买东西的时候，这么做比较理想——比如坚持退掉你买的东西，或者拒绝收下餐馆烧得不怎么样的菜肴。这样你就可以在风险更高的情形下，把以前的经验学以致用了。

- 利用提问题的方式找出产生阻力的真正原因。知道人们不希望你做出改变还不够，你需要知道他们为什么这么做。应对阻力时，不要只看到表面现象，多问一些问题，刨根问底。这样，你就经常可以通过谈判获得双赢的结果。

这是我要做的事 ☐

错误 19 没有为社交互动做好准备

我们常常听到这样一句话:"机会留给有准备的人。"当然,这需要一定的预见能力,而乖乖女是有这方面的能力的,但她们却因为太过于专注眼前应接不暇的事情而经常忽视自己的能力。当她们需要独立思考,或者呼吁别人支持计划或者想法游说别人支持,或者尽可能利用社交资源时,忽视这一能力会让她们处于劣势。

这是真真切切发生在戴安娜身上的例子,当时她正在参加公司的节日派对。她和部门的副总裁关系很好,所以很自然的戴安娜走到他跟前跟他闲谈。副总裁见到她时,满脸笑容,不一会儿就开始谈论他的儿子即将要进入戴安娜的女儿读的同一所大学。他们相谈甚欢,但整个过程,戴安娜一直想把话题转移到她正在做的一个项目上,而这个项目十分需要他的支持。但她一直没有找到机会。

然而还没等她转移话题,一位男同事走过来加入了他们的对话。他一来就开始谈公司过去一年遇到的挑战以及取得的成就。这个副总裁说完了一切可能说的关于他儿子的话题,然后注意力转移到这位男同事身上,他们继续聊起了工作。就像戴安娜说的:"我很高兴能跟这些高管有良好的关系,但是我想让他们看到我不仅仅是一位母亲或一位只会倾听他们意见的女性。"

这就是那些乖乖女陷入的高情商的困境。我们让别人跟我们在一起时感觉轻松自在,但是,就像我们刚刚说过的,在社交互动或者轻松交谈时,我们不太会利用这些绝佳的机会来讨论工作上的事情。

 指导小贴士

- 每次出席社交场合时都要有所准备。假设真的有机会可以讨论对你来说或者对别人来说很重要的事情。预先知道谁会参加，会帮助你明确关键问题、挑战，以及那些你需要得到支持的项目或者可以提供支持的项目。
- 事先做好充分的准备可以让你掌控谈话的进展。在戴安娜的例子中，如果她能事先准备一个热点话题，就可以很轻松地以一个很简单的陈述转向这一话题，比如说："我非常高兴您的儿子能够去这个国家工程类顶尖学府深造，如果需要提供什么信息，我一定全力相助。现在如果能占用您几分钟时间聊聊培训计划的进展情况就再好不过了。"
- 提前了解正式和非正式会议的安排。每一次会议都给你提供了一个展示自己的机会，让别人知道你为了每一次会议都做足了准备。围绕着会议议程安排做做功课。来这里就是要增加价值，而不是来暖板凳的。
- 参加戴尔·卡耐基的课程：成功所需要的有效沟通以及人际关系/技能。这门课程的重点是加强你的人际关系，做一个有说服力的沟通者，培养出拥有自信和热情的领导姿态。

这是我要做的事 ☐

错误 20　忙于同时处理多项任务

生物学研究证实，女性比男性更擅长同时处理多项任务。这一点不需要了解得太专业，我们大概知道女性的胼胝体（连接大脑左右两半球的神经）的开发程度比男性高 30%。开发程度高意味着信息从大脑的一侧传递到另一侧更为容易，这样女性可以在同一时间考虑更多的事情。噢，天哪，现在女性不仅是要做的事情比男性多，而且在某一时间内处理的事情也要比男性多。

我有一位朋友是心理学家，他告诉我："你有能力做一些事，并不意味着你就一定要去做。"这一观点在你面临很多任务要去完成时，是非常正确的。杰里米·亨特博士是办公场所效率顾问，也是非常有声望的德鲁克管理学院的教授，他发现多任务不仅会使效率降低，而且持续一段时间压力会增大，甚至会损伤大脑。如果将注意力用在不同的工作上，会降低在每项工作上的精力分配。结果会怎么样呢？这些工作的完成效果都不会很好。

亨特说，这种低效率和无效率的暂时性结果将会慢慢积攒，慢慢形成长期性的压力使大脑受到影响。这还会产生神经化学的雪崩效应，从而抑制记忆，降低注意力，也会影响决策能力和学习能力。长期不断的压力会导致抑郁、焦虑、心脏疾病、不孕不育、免疫力低下等后果。而如果你试着学会专注一件事，这些问题都可以避免。

指导小贴士

- 寻求帮助。因为工作繁重的原因，我们经常会同时处理很多事情。不管是工作还是家务，我们可以把那些不需要亲力亲为的事情托付给别人去做。
- 在一整天当中，确定3~5个时间段不去处理多件事情。比如，早晨准备上班，开车去公司，跟家人或者朋友吃饭，锻炼身体，跟孩子玩耍，去听音乐会或者看表演，或者开会……通过更清楚地意识到你何时在处理多项任务，你可以采取积极的措施来减少它。
- 把邮件提醒关掉，这样每次收到新邮件时注意力就不会被分散。
- 在做某个计划好的工作时，把手机关掉。
- 最重要的一点，专注于当下你正在做的事情，还有和你一起工作的人。记住，我们是人，不是机器。

这是我要做的事 □

错误21 嫉妒其他女性

大概有一半演讲中，会有人问我这个问题，但是我觉得这根本不算是什么问题。当有人问道："你对女性之间不能互相支持而且经常互相拆台有什么看法？"我知道这些人是在表达自己对工作场合中女性之间比较复杂的关系的一些看法。但是我的体会跟这些人的想法不太一样。当然，经常有一些女性转身就会暗地里算计我，不过曾经这么对待我的男性，在人数上跟女性一样。背后出卖别人这种行为是不分性别的。

我认为女人对于女人的漠视反应很强烈，但是对男人的漠视却不怎么在意，这有很多原因：

- 我们内心总是期待女性比男性对自己要好点，一旦事实不是这样的，期望与现实形成反差，就会造成"认知冲突"或者内心不舒服。
- 指出女性的缺点相比指出男性的缺点更能为社会所接受。男性一直以来指责女性，那些守旧的女性也跟着这样做。
- 女性之间晋升机会的竞争非常激烈，因为相比男性来说，这些机会少得可怜。所以，有晋升机会的女性很可能错误的将其他女性视为竞争对手。

对待其他女性没有像对待男性那么尊重，或者抱持一种"女性之间就是生死对头"的看法，不管这两种做法的根本原因是什么，其本身都大错特错。因为我们不尊重别人本来就不对，况且这么做是非常愚蠢的。如果那个在卫生间听到你诋毁她的女性，升职做了你们部门的领导，你会有好果子吃吗？或者，如果你出去创业，而那位女性恰恰是那个决定引入外部供应商的人，你觉得她会不记仇？你能选得上吗？

 指导小贴士

- 用称赞替代批评。寻找时机帮助女同事建立声望，公开表扬她

们。如果有必要的话，私底下去提出有意义的反馈。

- 对于一些晋升机会及受人瞩目的任务，推荐女性去做，不要害怕因为推荐的是女性而受到指责。因为这些指责往往是男性阻碍你行动的小把戏。

- 如果公司里没有"女性关爱小组"，那就成立一个。试着去深入地了解这样的组织，可以搜索并阅读相关的文章。

- 不要参与女人之间的八卦。你可以直接走开，或者更大胆一点，告诉大家彼此应该互相支持，而不是互相指责。

这是我要做的事 ☐

错误22 脸皮太薄

你是否记得电影《女子棒球队》里，罗克福德桃子女子棒球队的教练吉米·杜根（汤姆·汉克斯扮演）？他会给队员一些出于关爱但听起来却很刺耳的反馈（如果你没看过，一定要去看，因为女队员之间的相互鼓励真的很让人振奋）。

吉米·杜根：伊芙琳，能过来一下吗？你为哪个队效力？

伊芙琳·加德纳：我为桃子队效力。

吉米·杜根：噢，我就是纳闷为什么我们领先两分的时候你要投回本垒？你让对手扳平了比分并且上了二垒，我们因为你输掉了比赛。

用用你的脑子,就是你屁股上方三尺的那个大圆球(伊芙琳开始哭了起来)!

吉米·杜根: 你是在哭吗?你是在哭吗?你是在哭吗?这里没有哭泣!告诉你,在棒球运动中不存在哭泣!

哭泣只是女性过于敏感的表现方式之一。等一下我详细讨论这个错误。隐瞒状况、保持沉默、被动消极是女性敏感的其他表现。我相信你已经注意到男人可以争吵和打架,然后出去喝啤酒,好像什么都没发生。因为对于他们来说,只要能够把分歧表达出来,就没有什么解决不了的。然而对于女性来说,却可能积怨在心,谁也不理谁。一点点小事,可能让很多年的友谊毁于一旦。

如果你恰恰属于过于敏感这一类人,我送你几个字:克服它。桑蒂·菲德翰在《男性因素:潜规则与误解》(*The Male Factor: The Unwritten Rules, Misperceptions*)和《职场男性的秘密信条》(*Secret Beliefs of Men in the Workplace*)这两本书中,将这一条排在了男性不能容忍女性的事情的第一位。男性不像女性那样,什么事情都往心里去。对于男性来说,工作就是工作,不涉及个人问题。但是如果女性要在激烈的竞争中得到认可,那么她们就要摒除个人因素——尤其是在别人给你提意见的时候。

 **指导小贴士**

- 凡事都往最好的一面想。没有谁一大早就会针对你让你不爽。不好的事情时有发生。当你还纳闷那些伤害你的言论或者行为到底是怎么把你惹火的时候,想一想别人的意图。不假思索的评论或

者气头上的话确实很伤人,但是你要想开点,不要让它成为无法愈合的伤口。

- 利用语言来解决争端。与其宣泄出你的情绪,不如组织好语言跟冒犯你的人进行理智的对话。一般来说,通过这种讨论,可以释放因为争执带来的紧张情绪。
- 当别人给你提意见时,不要带有自卫意识。实际上,询问对方一些问题会使你更加了解这些反馈,要谢谢给你反馈的人,想想他说的话是真的还是假的。如果对方评价属实,那么就采取措施做出改变,如果不是实话,那就忽略它。

这是我要做的事 □

错误 23 做决定前挨个征求意见

詹尼弗是一位拥有沃顿商学院 MBA 学位的一流审计师,在一家《财富》500 强石油公司工作了 5 年。人们公认她的业绩十分优秀。当出现一个升职机会时,她总是为数不多的几个候选人之一。但是,同事们私下里却认为,詹尼弗喜欢向周围所有人征求意见,否则就不愿意或者不能采取行动。结果,人们认为她优柔寡断,让她进入管理层的事也总是不了了之。也就是说,詹妮弗是那种在行动之前一定要征求大众意见的女性。

让别人参与决策是一件好事,但是如果不知道别人怎么想或者不知道他们会不会赞同就不敢行动,那就不是好事了。让别人参与决策,是女性避免以后受到责难的技巧。如果一开始就征得同意,那么到最后就没有人有资格提出批评。你要选择最佳路线,既不能被视为单枪匹马、从不考虑他人观点的"独行女侠";也不能被视为没有别人的意见就不能做出决策,或者没有足够的信心去行动的"傀儡"。理想的状态是:认识到他人的价值,和别人相互支持。

 **指导小贴士**

- 试着承担更多风险,不必事事征求上级意见。可以从不太受关注的小事开始,学会独立作出决定。如果你掌握了所需要的全部数据,并且觉得相当不错,那根本就没有风险。另外,如果你的数据有限,而且觉得十分差劲,那就存在愚蠢的风险。一定要二者兼备(数据和感觉)才能冒险。
- 问问你自己,独立采取行动会有什么损失。努力寻找自己事事需要他人认可的内在动因。一旦弄清原因,你就能改变原来的做法。
- 过犹不及,别走极端。总会有些事情适合广泛征求意见,这些事情往往与重要的决策有关,要么是涉及很高的成本,要么就是有可能造成重大损失。

这是我要做的事 ☐

错误 24 拼命讨人喜欢

你的让人喜欢的程度（LQ，likeability quotient，喜商，亲和力）是成功的关键因素。人们升职、降职、被聘用、被辞退，都跟他亲和力的强弱有关。在我的办公室，我们会采用一种非常科学的方法来测试亲和力，叫作啤酒测试。在第一次跟客户会面时，我们自问，我想跟这个人出去喝杯啤酒或者咖啡吗？如果答案是否定的，我们就知道双方太过于一本正经了。

有些乖乖女强烈渴望讨人喜欢，因此几乎不可能换一种行为方式。如果别人对她们表示失望，她们就不知所措了。要知道讨人喜欢和受人尊敬是两码事，这很关键。如果你只在意讨人喜欢，那么很可能会失去赢得尊重的机会。你需要别人喜欢你，这可能会阻止你承担受人尊敬的人所应担负的风险。相反，如果你只在意赢得尊重，而不管有没有人喜欢你，那你可能会失去团队的支持。那些既招人待见又受人尊敬的人，最有可能在职场中获得成功。

卡罗尔·弗罗林格，是指导女性谈判的专家，在我们写作《乖乖女得不到》这本书时，她教会了我一个重要的理念：不是所有的关系都是对等的。有交易性的关系，就是跟我们做生意或者只遇到一次的人之间建立的关系；还包括个人关系，是要长期维持的关系。女性往往把这两种关系混为一谈。如果不区分这两种关系，就会浪费时间和精力（且不论投入感情或者被人利用）。

让我们举个例子，假设在飞机上坐在你旁边的人想跟你聊聊天。你已经开了一星期会，想在飞机上做的事只是听听音乐，放松放松。按照乖乖女的行为方式,你会跟这个人聊天,因为她希望跟你聊一聊;按照成年女性的行为方式,你会礼貌地告诉这个人,你很喜欢跟她聊天,然后把耳机戴上,这样就可以放松了。这是一种交易性的关系——你很可能不会再见到那个人。你的表现不应该粗鲁,但是可以根据自己的意愿,不投入任何精力来维持这种关系。这个人喜欢你与否,都无伤大雅。

如果,还是这个场景,坐在你身边的是你的同事,你们一起开了一周的会,她想跟你聊一聊旅行中发生的一点私事。这时候你就面临一个艰难的选择。这不是交易性的关系,而是私人关系,一种会持续一段时间的关系。这不是因为要这个同事喜欢你,而是你们要保持良好的工作关系。

我们内心深处都住着一个小女孩,渴望别人喜欢——这么想没什么错。如果为了满足内心深处那个小女孩的需求,就忘记了理性的成年女性该怎么做,我们就有麻烦了。善良对于男人和女人来说都是成功的必要因素,只不过不是充分条件罢了。

 指导小贴士

· 读一读大家敬爱的卡罗尔·弗罗林格写的《乖乖女得不到:99种方法赢得你应得的尊重、你争取的成功和你想要的生活》(*Nice Girls Just Don't Get It: 99 Ways to Win the Respect You Deserve, the Success You've Earned, and the Life You Want*)。卡罗尔是精通谈判的律师,我们共同撰写了这本书,是想帮助读者了解如何设定边界,并且通过谈判来争取生活中重要的方方面面——注意,是"重要",而不单单是"有用"。

- 运用自我觉察的方法，对抗每时每刻都想讨人喜欢的想法。那是不可能的。把"如果……人们就喜欢我了"这种想法改成"人们可能觉得不爽，但是至少我没有偏离自己的价值观"。

- 问问你自己：那种过度渴望被人喜欢的需要来自何处？"表现出自己的本色，会有什么可怕的事情发生？""关于讨人喜欢的重要性，小时候别人是怎么教导我的？"……这类问题可以帮助你找出日常生活中，你这么需要别人喜欢的最终目的。如果你能够为这些问题找出答案，那就更容易克服这种想法。

- 平衡满足他人需求和自己需求的关系。当你勉强同意什么事情之前，问问你自己，如果你的不同意见导致另一个人略感苦恼，那又如何？当别人对我们发火或者讨厌我们的时候，他们常常是为了让我们去做他们想要的事情。别掉进陷阱！

- 把业务关系和私人关系区分开来，并且分别采用相对应的行为方式。

这是我要做的事 □

错误 25　成心不让人喜欢

你没看错，这个错误跟讨人喜欢刚好相反。很多女性也会犯这样的错误。因为害怕别人认为自己软弱可欺，有些女性摆出了这样一副架势：我来这儿，不是要赢得人气大赛！哼！我要让你们知道，你们才是那样！

塞达斯·西奈医学中心的主任沙伦·马斯医生,就是一个不在意别人喜不喜欢她的人。感谢她允许我使用她的名字,并且把她的情况作为范例,以便让大家明白,在实现职业目标的过程中,为何会有这样的情形。

沙伦有一颗金子般的心,她生来就很关心别人。在她所从事的那一行,她是最聪明和最优秀的人才。我们第一次会面时,她面临的问题是:人们并不了解她的这些优点。人们只把她当作一个求全责备的工头,只关心完成工作,对团队成员的需要漠不关心。原来,她有一种潜在的担忧,害怕别人利用她的热情和善解人意。结果,为了防止这一点,她走向了另一个极端。就像许多女性一样,沙伦不得不学会既表现出女性特有的温柔怜悯,同时又充分利用她那典型的男性管理方式。

指导小贴士

- 读一读琳达·卡普兰·泰勒和罗宾·科瓦写的《善意的力量》(*The Power of Nice*)。他们的书刚刚问世时,我们经常在访谈中互相争执,但是大多数都能取得一致。装得凶神恶煞,就跟按照小时候被教化的那样做个乖乖女一样,都不能帮你取得成功。
- 不要觉得跟别人走得近就会被轻视。只要学会设定界限,就永远不用担心有人会利用你。
- 每天都要花时间建立或者巩固人际关系。如果等到需要人际关系的时候再去建立,那就晚了。倾听别人的谈话,了解什么事情对于你的同事或者客户是比较重要的,不要遵照黄金法则(像别人对待你那样对待他们)而要遵照白金法则(像别人希望被对待的那样去对待他们)。

- 按照玫琳凯·艾施的成功信条去做:"对待所有人,应该就像他们在脑门上贴了个纸条说,'让我感觉自己很重要吧'。"

这是我要做的事 ☐

错误 26 为了藏拙不敢提问

"世界上没有愚蠢的问题!"这句话我们要听多少次才会相信?倒是另一句老话"你不说话没人当你是哑巴"深入我们的骨髓。但是,我不这么认为。女性保持沉默的方法有很多,我们不需要再多一种。提出一个合理的问题(而不是以问题的形式发表声明,我稍后会讲到)来确保理解,这表现出了你的自信而不是无知。如果说我从近30年的顾问经历中学到了什么的话,那就是,我不明白的事情,很可能其他人也不明白。

乖乖女有时候不想提问是因为她们不愿意浪费团队成员的时间。这时候,问自己一个简单的问题:问题的答案只对我一个人有用吗?这样的问题应该可以帮助你决定是否要提问。如果答案是肯定的,而且你知道在会后还有机会来提问,那就等到会后再问;如果答案是否定的,而且你知道以后没有相同的机会来提问了(比如,与会者不会再聚在一起,或者很难再见到发言人了),那就赶紧问。但是,一定要注意其他与会者的需要。如果你已经问了几个问题,而且你发现在场的人有些不耐烦,或者会议已经开到了很晚,那就得看看是否有必要当场得到答案。

 **指导小贴士**

- 没弄明白就该多问,这比你稀里糊涂搞错方向要好得多。
- 仔细观察与会的其他人,这样他们对某个信息感到困惑时,你就能看得出来。利用这个机会帮助大家解惑,你可以这么说:"我从大家脸上的表情可以判断,我们对这一点还不太明白。能否请您给我们举个例子,或者换种方式再讲一下?"
- 相信你的本能。如果感觉什么事好像没有弄清楚,很可能它就是不太清楚。
- 为了帮助理解和确认信息,换一种简单的措辞,复述一下你刚听到的话,例如:"我是这么理解您的话的,我们用6个月的时间完成该项目的第一个步骤,用3个月完成第二个步骤,再用6个月完成第三个步骤,不知道我的理解是否正确?"如果你理解错了,对方会给你指出来;如果没有理解错,你就获得了自己需要的信息。
- 如果有人觉得你问的问题很愚蠢,你不妨认为这是他们的错,而不是你的。如果他们一直这么做,那就直截了当地问他们,为什么你仅仅是提了一个问题,他们就想要贬低你。

这是我要做的事 □

错误 27　假装像个男人

这里强调的是"假装"。许多女性具有典型的男性性格，并且也有相应的举止。这样的女性不是"假装"，这是她们的本色。有男人样对于她们来讲是行得通的，尤其是毫无矫饰的时候。如果你不属于这样的人，就别这样做。你扮演男性的角色永远不如你作为女性扮演自己的角色做得好。在这一点上，就像本书的主旨，这本书提供的是一整套策略和技巧，它们与女性的举止相符，而不是与假装男性的举止相符。

在职场上假装像个男性必然会给你带来麻烦。就像我们希望男性具有某种举止一样，我们也同样希望女性的举止符合常规。不管是男性还是女性，如果举止异性化，就会让人觉得别扭。如果人们的行为不符合我们的期望，我们就不会信任他们，或者认为他们没有正确地扮演自己的角色。因此你必须考虑人们对你这个角色的期望，当然同时还要扩展舞台的边界。

与男性区别开来，不是说要去改变或者隐藏什么。也许别人会让我们觉得自己的行为方式不恰当，但那只是他们让我们老老实实保持现状的另一个花招，别上当。女性的存在，为职场带来了一套必需的行为方式，那是必要的，尤其是在今天的环境中。我们倾向于合作而不是竞争，倾向于聆听而不是说教，常常利用关系而不是拳头来施加影响，这些也是我在指导男性时经常让他们训练的行为。但是问题在于怎样平衡。就像男性会滥用他们的刻板特征一样，女性也会如此。

需要说明的是，企业文化不同，男性和女性各自的行为规范也会随之产生差别。有一家我为其提供服务的公司,他们强烈要求男性和女性的行为必须合乎绅士和淑女的规范。当时我正在指导他们公司的一名女性,我对她说,如果她想得到重视,说话声音就要更加洪亮,表达自己的观点时也要更自信一点。她回答说,公司总裁不喜欢强势的女性,如果她表现得与众不同,就可能会被解雇,在场的其他女性也确认了她的说法。不过话说回来,对于这位女性来说,让自己的行为符合别人的期望倒不是什么太大的难事,因为这与她的性格一致。

如果使用魔法让这位女性穿越到别的公司——那里的行为规范是每个人都得表现得很积极,她的行为就显得不和谐了,恐怕她也无法复制在原来那家公司获得的成功。在这种情况下,她就得考虑是要改变自己的那套行为技巧,还是另找一家与她的自然倾向相容的企业,这样就无须改变自己了。不过一般来说,大多数公司的风格都不会太过于极端,女性朋友需要找到扩大边界而又不会导致出局的方式。

指导小贴士

- 继续学习有关风格的事情,看什么行为方式有效,而什么又会起反作用,用什么新方法可对你自然的优势加以补充。你可以通过寻求反馈、在会议上给自己录像、做报告或参加个人发展研讨会来做到这一点。在附录中我推荐了几种研讨会信息。
- 如果你气势凌人,而且这让你处境不利,读一读珍·荷伦斯的书《相同的游戏,不同的规则》(*Same Game, Different Rules*)。这本书指出,女性采用跟男性相同的行为是行不通的,如果假装能行得通,就会毁掉你的职业生涯。我经常听到女性质疑职场中男性和女性不同的行为标准,它们的确存在,真实存在。

- 修改规则来满足你的需要和他人的期望。拍桌子和大声说话也许无法被人接受，但是做个"破唱片"（以不同的方式一遍又一遍地重复同一件事情）可以达到相同的效果。
- 一定要明白不同的企业文化对员工的行为有不同的期望。在这家公司奏效的行为也许在另一家公司就行不通。一定要观察所在公司的文化标准，并据此调整你的风格。如果你不能以可以接受的方式行动，最好找一个适合你本色风格的工作环境。

这是我要做的事 ☐

错误 28　努力成为男人中的一员

这个错误是"假装像个男人"的变体。在有些领域中男性职员占大多数，比如建筑行业、消防部门或警察局等军事或作战领域，还有特定的工程领域，在这些领域工作的女性经常问我类似的问题。如果你是一位年轻的女性，而周围都是些年长的男同事，他们会把你当成是女儿而不是同事，情况就更糟糕。

以上这些领域的女性通常会发现在会议中或者是某个活动中，她是唯一的女性。更多的时候，这些女性的行为方式会像男性一样，例如像水手那样骂脏话，听到低俗的笑话开怀大笑（甚至也去讲这种笑话），或者喝酒喝遍一整条街。短时间内，这可能会缓解一些尴尬紧张的气氛，但是长时间来看并不是一个好的策略。像我在前面提到的错误，除非你可以很真实地扮演男性这个角色，否则男人永远不会打心底里相信你。

这意味着你应该走另一个极端吗？做个蛇蝎美人？或者像处于困境中的少女，楚楚可怜地眨着眼睛等男人来接纳你？千万不要！那样也太假了。能够有效解决这些问题的秘诀，就是做真实的自己，并突出你的专业、价值、优雅、沉着和少许幽默。

 **指导小贴士**

- 在某种程度上，允许那些男人特有的行为。你并不需要去管教他们，但也不是说你就需要容忍他们乱来。当一位男士在你面前骂脏话，随后看着你并且立刻道歉，那就不必放在心上，可以回答说："我遇到过这种情况，没关系。"但是，如果你发现有更恶劣的行为，你一定要让那些男人知道这次你就不计较了，但如果发生第二次，你会采取一切必要措施去制止。

- 不要把工作中的男同事跟你的兄弟、祖父或者丈夫等男性亲人相提并论。女性经常用对付家里人的那一套对待工作中的男同事。跟家人相处的信条并不一定适用于跟同事相处。无论男同事的年纪与身份如何，尽量去追求平等的地位。这样的好处是必要时可以跟他们公平竞争。

- 放轻松点，作为群体中唯一的女性，你得有点幽默感。准备一些打趣的话，可以在适当的时机说出来。由于你是唯一的女性，有人对此开玩笑，你可以准备类似这样的回答："如果你觉得很好奇——来试试这双高跟鞋！"

- 一定要让他们被你的专业能力所折服。要让你的专业知识和能力出众。如果这样持续下去，性别将不再是问题。没人会去小看能力强的人。

这是我要做的事 □

错误29　不假思索吐露真言

为什么女性比男性更容易不假思索地吐露自己的实情呢？哪怕这会导致自我贬低或者对自己不利，还是会有这样的情况发生。曾经有人做过一项研究，让男性和女性描述一下自己。男性不管长相如何，都会使用符合实际的肯定词语（或者至少是中性的）来描述自己。一位胖胖的老男人会这样说："我身高1米8，头发棕色，体重195斤，留了胡子。"很好。而女性则更有可能使用贬义词，例如："我名叫朱莉亚·罗伯特，我的头发是灰色的，我准备减掉几磅体重，我长得还不算太难看……"

对待错误也是如此。当某个项目出了问题时，女性常常会责怪自己，自己有哪些没有做对的地方都会一一指出来。男性会怎么做呢？跟前面说的一样，他们的描述听起来很客观，而且更善于掩饰。有个男子因为设计了一种蹩脚的工艺而受到指责，他为自己辩解说："问题不在于这种工艺本身，而在于它没有反映流程的真实情况。"可是这个工艺是谁第一个设计的呢？

施乐的董事长兼首席执行官安妮·马尔卡希发现，如果说出的话句句属实，往往会带来麻烦。她刚登上这个职位没多久，就在一次投资商会议上告诉人们说，这家公司的"经营模式是非持续性的"。第二天，施乐的股票就下跌了26%。马尔卡希本来认为，既然公司正在亏损并不是什么秘密，那么就可以自然而然地推论经营模式有问题。后来马尔卡希说："回想起来，当时我应该这样说，'公司认识到必须对经营模式作一些改变'。"她建议人们继续说真话，不过也得确定"你的原话不会因为被别人断章取义而产生歧义……"

看起来，马尔卡希还没有学会积极地转换消极问题的艺术。说真话并不需要把你自己置于不利的位置上。它需要的是诚实、客观的描述，无须指责和自我鞭挞。

指导小贴士

- 倾听别人提出的问题，给予简洁客观的回答。有人问你："为什么项目没有按时完成？"发问者并不是希望你指责你自己。导致项目没有完成的理由可能非常有说服力，你要做的就是用这些理由回答。恰当而诚实的回答应该是："主要有两个原因：首先，交工期限不切实际，如果赶工完成，我们的人手不够；其次，我们手头一直没有完成数据所必需的资料，这些资料到最后期限前两天才交给我们。"

- 哪怕你理应为一个严重的错误承担责任，也不要添枝加叶来使情况恶化。不要轻易同意别人的指责或者急切地作出解释，不论你怎么做，都不要让自己感觉很难过。我们所有人都会犯错误。用更加中性的表达方式代替道歉、解释或者辩护的回答。不妨这么说:"我明白你的意思,将来我会牢牢记住这一点的。"你既没有赞成也没有反对,只是简单地承认事实。

- 尝试把一个消极的回答转换成一个积极的回答,看看有何不同。

原话:

- "我必须承认,我本来可以在确保预算不超支方面做得更好。"
- "我要是在决定最终人选之前再调查一下就好了。"

- "我认为自己不是承担这项工作的最佳人选——我不具备工作描述中的任何素质。"

变为:

- "虽然超出了预算,但我们确实提前完成了项目。"
- "尽管事实证明,这些雇员不适合这项工作,但由此我们也更加了解自己真正需要的是什么人才。"

- "我的确不具备工作描述中列出的所有素质,但我拥有丰富的实践经验,能够让我成为合适的候选人。"

这是我要做的事 □

错误 30　过度公开个人信息

十年前这本书的第一版出版的时候,这个错误的行为就已经很常见了。那个时候,并没有如今的推特、脸书等社交平台来共享信息。而如今，人们将他们的一举一动，甚至他们的很多隐私都发布在了网上。根据调查巨头尼尔森的一项研究，由于女人渴望归属感这一特点，这一行为并不奇怪：

- 与成人平均水平相比，女性创建或更新博客的可能性要多8%，而男性则少9%。
- 与成人平均水平相比，女性创建头像的可能性要多6%，而男性则少7%。
- 68%的女性利用网络和朋友家人保持联系，只有54%的男性这样做。

这些数据意味着什么呢？说明你比你旁边的男同事在网络上分享的信息更多。而除了你的配偶、孩子、母亲以外，没有人需要了解这些。我不需要你主动发来你对于选举、同性婚姻、战争、和平或者其他想法的邮件。如果我真的需要，我会主动去向你要。我的天啦，为什么你非要给你的上司，或者很有可能成为你上司的同事这样的机会来评价你呢？

上面说的是网络。那么面对面会怎么样呢？跟我谈到这个话题的是一位女性经理，她注意到在她部门的女性通常会比男性更愿意倾吐衷肠，而这往往带来相反的效果，留下负面影响，而且在将来说不定会引火烧身。她举了个例子，她部门的一位女员工在最近的工作中表现得不尽如人意。在一次一对一的谈话中，这位女士崩溃地哭起来，并讲述了一个非常漫长的故事，关于她母亲病入膏肓，但是姐妹们不愿意承担任何责任，她要去处理并承担所有照顾的责任，她的丈夫又失业了……

这跟工作有关吗？确实，是有关的，但是她的上司不需要去听到这些。这会给她的上司传达一种信息：她不能很好地解决这些压力。当公司需要派人去处理一个非常有挑战有压力的项目时，她的上司是不会把这份工作交给这个员工的。分享私人的信息本身不是什么过错，但是过度分享反而会适得其反。

 **指导小贴士**

- 对于你想分享的信息必须要有选择性，还要注意要以一种什么样的方式去分享，以及分享的场合，和谁分享。记住，说出的话就如同泼出去的水，是收不回来的。
- 对于个人信息的透露，应力求少而精，细水方可长流。
- 如果你是一个经理或者是监督者，要更为小心。我推荐的经验法则是："尽量跟下属做最好的朋友，但是千万别天真地认为他们就是你最好的朋友。"你选择的那些倾诉对象，应该是别的经理或者跟你地位相当的人。
- 不管你是不是经理，不要完全隐藏自己的个人信息。我见过一些女性的这种行为，最后适得其反。这样会让你看起来非常神秘或者不真实。有选择地、适度地分享个人信息可以让别人感觉到你人性化的一面，这样容易建立与别人的感情。
- 当私人问题影响到工作时，诚实地说出来就可以了，但是表达方式一定要简洁。可以这样回答："我现在正经历一段困难时期，但是我知道工作是非常重要的，我一定会注意工作细节的。"

这是我要做的事 □

错误 31　总害怕得罪人

我发现一个很有趣的现象：当一个男人针对某个问题提出不同的见解或者有争议的观点时，无论男人还是女人，都不会感觉受到了冒犯。他们可能生气或受伤，但这个男人很少被指责行为不当。而一名女性胆敢如此行事，很可能会被指责行为出格。所以女性即使并不赞成别人的看法，也往往唯唯诺诺，不敢实话实说。

这是人们用来对付女性的又一个诡计，但是我们常常不明智地落入了圈套。如果你提出合理的要求，对方表现出一副受到冒犯的样子，好像暗示你做错了什么，他们是希望你知难而退。如果你老是因此畏缩不前，那就是在纵容其他人把假装受到冒犯作为防御手段。久而久之，这会让你不战自败。

卡尔·马克思用"神秘化"一词指那些拥有权力和财富的人否认社会阶级之间存在问题，然后又否认他们正在否认这一事实。职场中的"神秘化"是这样的：

员工：距离我上次加薪已经两年了，我认为我需要再次加薪，我想跟你讨论一下这件事。

人力资源经理：你是在指责我忽视了你的表现吗？

员工：不，我没有指责您的意思，我只是想谈谈加薪。

人力资源经理：很显然你觉得存在问题。

员工：事实上，我确实觉得两年没有加薪有问题，但是我并没有责怪您。

人力资源经理:我们有专门的机制使每个员工都能受到公平对待。

员工:但是我并没有得到加薪,说明这个体制有问题。我觉得从您的角度来说并没有看到这个问题。

人力资源经理:那这么说你还是觉得是我的问题了。

明白怎么回事儿了吗?这绕来绕去的方法并没有解决问题,而且会促使女性做出让步或者因为怕得罪对方而不再去提及敏感话题。

 **指导小贴士**

- 利用DESCript方法(见错误90)应对难缠的对话。
- 读一读《关键对话:如何高效能沟通,营造无往不利的事业和人生》。如果你是属于那种怕伤害别人的感情而选择沉默以避免引发冲突的人,那么你将会在这本书中学到宝贵的经验:如何表达该说的话而又不破坏人际关系。
- 当你想表达一个有争议或者与别人不同的观点时,试试使用对比的方法:你想达到什么预期和你不需要得到什么:"我不想表现得我忽视了你的观点,我理解了你的意思。但是我想从另一个角度来看这个事情。"
- 要让谈话的对象知道你要说的事情难以启齿,可以用下面的话开头:"这事情有点难以启齿,但是我想让您知道我的想法。"这种对话方式会让别人产生更多的耐心。
- 你明明知道你的表达方式没那么激进,但是他人还是觉得自己被冒犯了,千万可别就这么任由别人误会。你应该首先表达理解对方的这种心情:"我看得出你觉得自己被冒犯了。"然后停下来听对方怎么说，不要就此退缩或者否定你的真实情绪。

这是我要做的事 □

✗ 错误 32 否认金钱的重要性

我了解很多关于薪酬福利方面的性别歧视，你可能也多少了解一些。我不想忽视这些因素的重要性——因为它们是真实的而且有关联的。但是除非你是推进同工同酬的积极分子，否则你无法控制这些因素。所以问题就是，你将会怎么做呢？

在这本书出版一年后，这一系列的第二本《乖乖女难致富》(Nice Girls Don't Get Rich) 也问世了。这本书中，我谈了很多关于女性对金钱的错误做法，主要是由她们对金钱的复杂情感造成的。我访问过一些女性，向她们了解是什么阻碍了她们变得富有。几乎所有的女性都说她们不想变得非常有钱，只想过舒适的生活。我欲哭无泪啊！我过得很舒适，也很有钱，但是请相信我，如果非要选一个，我宁愿变得有钱——你们应该也一样。富有意味着你可以完全按你想要的方式生活，并且不用担心没钱的烦恼。

金钱就是力量，而女性却错误地理解了力量的意思，并对它敬而远之。如果你问一名女性她是否强大有力，她可能会给出五个理由证明她不是。这说明她对金钱问题感到不舒服，而且低估了自己所应得的报酬数目。或者，更糟糕的想法就是，只要能缴清各种账单，她就根本不想去挣更多的钱。

你应该好好想想你应得到的东西。如果你收入不高，或者没有获得应有的加薪，就该关注一下金钱问题。这并不意味你不认真对待工作——只是因为你也需要去关心你自己和家人的幸福。

指导小贴士

- 如果你觉得自己报酬过低，那么就调查一下你的行业和岗位的一般工资水平。你可以在网上查，或者通过专业机构，或者咨询其他公司值得信赖的朋友的工资水平（千万不要询问他们具体赚多少）。因为不同的城市，不同的领域，薪资水平也是不一样的。
- 如果事实证明你确实是报酬过低，那么请用符合逻辑的事实来证明你确实应该加薪。比如你从哪些方面帮助公司实现了收益，节省了成本，增加了效率。尽可能地去运用数据来说明。例如，"自从我就职以来，销售额增加了23%，顾客投诉率降低了39%。"最好求助朋友来帮你练习如何向上司表达加薪的意愿。
- 订阅一些跟金钱、职场有关的杂志。
- 摒除那些认为谈论金钱就俗气、不礼貌的想法。
- 参加或者成立女性投资会所。

这是我要做的事 ☐

错误 33 卖弄风情

有多少女性在工作中遇到了她们的白马王子，坠入爱河，然后步入婚姻殿堂？这样的例子一直都有，也并不是坏事，但是却有潜在的危险。看一看莫尼卡·莱温斯基（美国前总统克林顿绯闻事件的女主角——译者注）和葆拉·布罗德韦尔（美国中情局前局长戴维·彼得雷乌斯绯闻事件的女主角——译者注）的人生吧。一位记者问我，女性是否应该利用她们美丽的外表来得到她想要的工作，我告诉她："美色确实能达到目的，但是这并不是长久之计。"因为这很有可能适得其反。

我曾经指导过一位女性，所有人都怀疑她跟部门主管有染。这件事是否属实也许永远都无法确定，但这并不是重点。她在经理面前的举止让别人相信他们之间有私情——直觉就是真理。大家之所以怀疑他们的关系，是因为：她对于他的冷笑话笑得太过于夸张；主动为他做各种各样的琐事；开会时，当别人发表不同观点时，她完全站在他那一边；一周至少邀请他吃一次午餐。这些行为让别人对他们的关系产生了怀疑。

你或许会问，如果只是一点无害的调情呢？在大多数情况下，总是调情的女性——不是男性——会成为办公室的笑柄，而且她们也更有可能最终遭受痛苦。在上面提到的例子中，同事们不让那位女职员参加他们私下的闲聊，别忘了，这可是重要的信息来源。而且也不让她参加有利害关系的讨论，因为害怕她会向老板告密。事实上，这降低了他们对她的信任，也降低了她有效完成任务的能力。

 **指导小贴士**

- 不要公然与同事调情。要知道眉目传情、说悄悄话以及为一些愚蠢的笑话发笑等行为都不应该在工作场合发生。
- 如果你跟同事在约会,或者关系亲密,一定要谨慎行事。让这些私人的事情远离工作以及跟工作有关的活动。
- 千万别天真地以为这些秘密永远不会浮出水面。跟同事约会没什么错——坦然承认就好了。
- 如果你跟你的上司有了感情纠葛(或者你是上司,跟你的直接下属),你真的是在玩火。一定要严肃考虑这件事对你个人以及事业的影响。如果有必要的话,去听一听专业的意见。

这是我要做的事 ☐

错误 34 忍气吞声当弱者

我很少遇到欺负人的情形。公司里的大多数人都知道如何巧妙而有策略地表达自己,寻求解决问题,而不是制造新问题。然而,在最近与一位副总裁的会面中,情况却并非如此。这位副总裁显然对自己无意中为某项特定服务付了双倍账单感到愤怒。化解困难局面的常用技巧没有一种起作用。我倾听、解释、对他的感受做出反馈……但这一切都无济于事。最后，我忍无可忍地告诉他："我不习惯受到个人攻击。"参与会面的另一个人试图调停，对我说："洛伊斯，我认为你正在防卫。"我平静地回答道："当我受到个人攻击时，我就会自卫。"会议结束之后，刚才出来调停的人认为我本可以采用其他的方法处理这件事。我的回答是："这家伙欺负人，我要让他知道，我不是好欺负的。"

当我们被人欺负的时候，我们通常会有两种反应：反击或者容忍。但是这两种反应都无法扭转对抗的态势。你应该直截了当地让对方知道你的感受，可能这样反倒更容易消除冒犯行为；如果你默许这种行为，它则有可能愈演愈烈。即使对方并没有改变冒犯行为，你也已经让对方知道你不会容忍。这样一来，你就维护了你的自尊。顺便说一句，当我对那个家伙说了那句话之后，对抗态势的确改变了，我们最终也找到了一种让他满意的解决方案。

指导小贴士

- 碰到欺负人的事情，不妨先试试我在上面例子里最初用到的技巧——倾听、解释、对对方的感受做出反馈，这些常常能够奏效。
- 如果有人想吓唬你，别装作听不见。这是一些人经常使用的策略，以此表达他们的观点或达到他们的目的。问问自己当时的感受，然后像我提到的那样表达出来，不要说"你为什么不听我说话"，而要说"我感觉你没有明白我的话"，后者的指责意味要少些，而且没人能跟你的感受争论。
- 承认你听到的话并且问问说话的人打算怎么办，从而将争论转向解决问题。例如："我理解你因为货物还没有送出而生气，现在让我们谈谈该怎样尽快将货物送到你手上吧。"

- 尽量不要去急着道歉。如果道歉可以的话，你什么时候做都不晚。向一个霸道的人道歉只会助长他的气焰，并且强化你作为受害者的地位。

这是我要做的事 □

错误 35 过度布置办公室

办公室常常是家的延伸。在很多情况下，女性在办公室比在客厅里度过的时间还要多。不管怎么说，这都不代表你应该把办公室布置得像家里的客厅。女性比男性更容易产生这种倾向，她们喜欢室内装饰的美感，经常想营造一种温暖舒适的环境，这不仅是为她们自己，也是为那些进入其工作场所的人。

我去过一些女性的办公室，为了创造出一种更有气氛的环境，她们用台灯和落地灯代替了天花板上的照明设备，并且在属于自己的空间里摆放着厚厚的软垫沙发、沙发小靠枕和个人纪念册。如此布置对你可能有利，也可能不利，这取决于你想传达的信息。但是，我不建议大多数女性这样布置。比起其他职位的人，这种布置更适合那些对员工提供咨询的人。

当然也有另一个极端，克里斯汀在一家医院当内科医生，她的墙上什么都不挂，那种简朴、冷峻的工作场所让我十分吃惊。随着我们一起工作的深入，以及我从她的工作人员那里了解到的情况，我意识到这不过是她个性的反映。对于她来说，倒是不妨用家人的照片和艺术品把办公室布置得更亲切一点。

后边的章节里我们会讨论个人品牌的问题。办公室的风格也体现了个人品牌的内涵。你甚至可以把办公室风格当作营销工具。问问自己，其他人会怎么描述你的办公室。凌乱？朴实？温馨？不管他们说什么，说到底都是在谈论你本人。的确，你的办公室或者工作场所可以反映出你是什么样的人，以及什么对你最重要。但是，除非你从事室内装饰，否则布置要慎重。要利用你的办公空间来突出你的公司、个人品位，以及专业精神。

 指导小贴士

- 办公室的布置应与你公司的氛围相一致。在相对保守的文化氛围中，对于艺术品和家具的种类，乃至颜色搭配，你都应该精心挑选，保证有品位而又朴素大方。在更富有创造性的场所，可以稍有一些大胆的设计。
- 如果你想通过办公室或者工作场所表现自己的个性，那就好好布置。在大多数办公室中，你都会得到分配的家具，不过怎样装饰这些家具就全靠你自己了，你可以选择那些既能反映你的个性，但又不过分强调女性气质的装饰品。
- 如果你崇尚简约主义，那么至少也要在别人能看到的地方挂几张家人照片什么的，它们会使你显得更有人情味，并且可以把它作为谈话的开场白。我认识的一个单身女性在她的桌子上摆放了一张她的狗狗的照片。
- 用全新的目光打量你的办公室。如果有一位特殊人物在你上班时来拜访你，你该做些什么改变？假设你是一个陌生的访客，你会用什么词来形容你的工作场所？你是否希望这些形容词用在你身上？

- 一眼就能看到的工作空间要保持整洁和干净，这样可以给人留下井然有序、运筹帷幄的印象。

这是我要做的事 □

错误 36　总是用食物讨好别人

除非你是贝蒂妙厨，否则桌子上不应该堆着自制的曲奇、巧克力豆、糖豆，或者其他食物。我们通常认为，给别人吃东西的人没有什么影响力或地位不重要。这看似是个无关紧要的小事，但事实上，你很少在男性的办公桌上看到食物。同样，男性也不会把前一天晚上剩下的饭菜跟女搭档分享。

给人吃东西等同于养育行为，而养育绝对是典型的女性特质。在桌上放食品常常意味着邀请别人停下来聊上一会儿，二者相结合，吃东西和邀请别人聊天都在强调典型的女性性格，而这种现象通常发生在本不需要如此强调这种性格的女性身上！

当然，每条规则都有例外，下面说的就是例外的情况。赖斯·杜威是环球娱乐集团的培训与发展部经理，她告诉我说，她常常训练那些在别人心目中过于粗暴、专横以及态度生硬无礼的同事（尤其是男性），在他们的桌子上放一个糖果盘。原因很明显——她希望通过这种方式，能让他们的形象变得更加温和亲切，以此平衡其好斗行为。从这一点上来说，食物被用来作为一种策略，来平衡不被看作温和的个性。

同样，赖斯也在她的办公桌上放了一个大糖果盘，这是因为她喜欢吃糖果，更重要的是，由于经常有人到她的办公室去讨论个人私事，说点心里话，放这些糖果就是要让人觉得和她在一起很舒服。同样，她也是把糖果作为一种策略。

如果你不想在工作场合过多地表现出女性特质，那么，在把食物放到办公桌上之前，最好先仔细考虑一下。如果你是一个犯了很多本书中提到的其他错误的女人，这一点尤其要注意。就像本书里的很多建议一样，不仅仅食物本身是致命的——错误的组合会降低你的可信度。

指导小贴士

- 除非给别人吃东西是一种有意识的策略，否则别在上班时这么做。
- 如果你担心浪费食物，宁可把周末聚会剩下的饭菜送给流浪汉，也不要带回办公室。
- 不要自愿组织公司内的带饭午餐。还有更多有意义的事情等着你去尝试。

这是我要做的事 ☐

错误 37 低估自己的情商

与生俱来的智商（就是通常我们所说的 IQ）在你的一生中不会有太

大的变化。最新的研究证明，智商甚至不是取得成功的最重要因素。我之前提过，情商（通常我们叫 EQ）却在很多方面发挥着重要作用。举个例子，诺贝尔奖获得者、心理学家丹尼尔·卡内曼发现，人们往往喜欢跟他们信得过的人合作，即使这些人提供的产品或服务的质量一般，或者要价很高。法国著名品牌欧莱雅公司的一项招聘实践研究表明，根据情商录用的销售人员比通过传统方法录用的销售人员每年能为公司多挣 9 万美元。

过去，我们把这些情商因素叫作"软技能"——可能主要是因为女性在这些方面做得更好。我的很多男性学员会很轻蔑的用这个词描述我们正在进行的培训，这时我会反驳他们："如果觉得这很容易，那你们为什么学起来这么难呢？"对女性来说好消息是，在情商的 5 项指标中，我们有 4 项超过了男性：自我意识、自我调节能力、同理心和社交能力（在第 5 项衡量标准自我激励这一方面，女性和男性旗鼓相当）。然而，虽然我们拥有这些宝贵的技能，却对此并不重视，也不把这些当作是我们的优势。相反，我们在工作上比他们更努力，做得更久——但是没有高情商，这二者都不能保证你获得成功。

早些时候，我引用了一个研究结果：管理层女性的多少跟公司的利润大小成正比。为什么会这样呢？迪克斯坦·夏皮罗法律公司的常务董事罗宾·科恩和琳达·科恩菲尔德告诉我们，之所以会产生上述结果，这是因为女性比男性更容易表现出以下行为：

- 工作中为了培养人际关系主动跟同事建立联系；
- 更注重为了共同的目标，加强团队建设跟合作，而不是单打独斗；
- 通过积极正面的引导来培养激励员工；
- 在做最终决定之前，跟大家讨论可行的业务方法，并且融合别人的意见。

总之，利用好你的情商不仅对你的职业有好处，还会给公司带来效益。

 **指导小贴士**

- 读一读特拉维斯·布莱德伯里和珍·格里夫斯的作品《EQ 成功密码》。这本书讲述了在哪些情况下能测试你的 EQ，并且展示了我们如何能够培养情商并发挥到淋漓尽致。
- 开会的时候，通常大家都有某种情绪，但是很少表露出来，你不妨把它直说出来。例如，当气氛很紧张时，可以跟大家说："对于这个话题我们都有很强烈的感情要表达，要不然我们先放松一会儿，回来再继续讨论？"能够这样做的话说明你的洞察力非常强——不管对于什么的团体，这都是非常宝贵的。
- 在会议开始前，可以谈一些轻松的话题，比如表达对某个人的兴趣。尽管大部分人都比较喜欢谈到他们自己，或者讨论他们觉得重要的事情，但是有些人不喜欢这样，这时候你可以及时转移话题回到工作上。
- 在一些社交场合，动动你的脑子，做介绍时可以说一些大家都有兴趣或者都经历过的事情，让大家产生共鸣。这样会使他们感到很自在，受欢迎，他们会因此在心底感激你。
- 不要吝啬去关心别人说不出的情感。如果有一位同事的情绪看起来很低落，去问问："一切还好吗？感觉你似乎不大对劲。"这样的开场白会让他们感觉到你把他们当作是有血有肉的人，而不是工作机器。如果他们不想讨论这个事情，就不会继续说下去，但是至少他们记得你表达了你的关心。

这是我要做的事 □

错误38 甘当受气包

毕加索曾说过,"世上只有两类女人——女神和出气筒。"既然你正在读这本书,我觉得你肯定不认为自己是前者——至少目前不是。这两种人的区别是什么呢?我们来看一看。

出气筒	女神
别人让做什么就做什么	让别人做她们要求的事
容忍精神上和肉体上的欺凌	不给施虐者任何机会
认为照顾别人就是她们的责任	认为别人应该照顾她们
不被尊重	受到崇拜
不为自己争取任何东西	觉得她们想得到的就应该得到
不敢对别人说不	不会接受否定的结果
任人摆布	远离那些怠慢她们的人

你想当一只鸽子还是一座雕像呢?当一个出气筒的话,可能在短时间内让你觉得自己有点像特蕾莎修女。但从长远来看,并不会让你得到你想要的结果。

第三章　如何更好做自己

 指导小贴士

- 要学会明确地表达你能够做什么以及不能做什么，以此来控制自己的预期。就算你不直接说"不"，至少也要让别人知道你的底线是什么。举个例子，如果别人要求你在一个不可能完成的时间里去赶一份报告，你可以说："我很乐意去写报告，但是你给我的时间不够，如果你想要一份高质量的报告，那么我建议再多给我两天时间。"
- 相信你的直觉。如果你觉得自己受了侮辱或者被人利用，很可能真的就是这样。在这样的情形下，让别人知道你是怎么想的，以及你想怎么改变。虽然你不能改变别人的行为，但是至少你可以让自己抽身而出。
- 对于想得到的东西不要等着天上掉馅饼——要努力争取。女性一般来说都指望别人会读心术，然后当结果不如所愿时又会很失望。自己不争取，就很难得到你想要的。

这是我要做的事 ☐

错误 39　握手软绵绵

这个问题虽然并非女性独有，但是在伸手欢迎别人时，女性朋友更

容易退缩不前。因为害怕显得过于男性化，我们让钟摆摆向了另一个极端。握手是你给初次见面者留下第一印象的方式，它在你开口说话之前就暴露了你的某些特点。尽管你不想握得人骨头发疼，但你确实要保证通过握手传递出这样的信息：我是一个值得认真对待的人。恰到好处的握手方式加上简洁的问候（比如"很高兴终于见到您了"），再加上坚定的眼神交流，你的目的就达到了。

指导小贴士

- 试着跟朋友和同事练习握手（男性和女性都应该包括）。问问他们感觉怎么样。跟男性和女性握手的方式可以不同，多练练，直到男性和女性都告诉你，你的握手方式传达了你想传达的信息。
- 这是我的一位同事小时候从他父亲那里学来的诀窍：把你的手一直往前伸，直到和对方的大拇指相扣。试一试你就知道怎么做了，重要的是别在刚刚抓住对方手的时候就松开。（顺便问一句，有多少父亲教自己的女儿如何握手？）
- 第一次与别人会面，如果对方没有先伸出手，你要先伸手，这是自信的表现。
- 根据具体的情境，有时你也许想传达出一种真诚、亲切的感觉。例如，和某人已经多次通过电话，有过很多交流了，当第一次见到本人时，为了表达亲切和关心，你可以把手放松一点，当对方和你握手时，把你的左手轻轻放到对方的右手上停留片刻。多加练习直到你感觉非常自然。
- 当我讲述欢迎的主题时，经常有人问，以拥抱的方式迎接一位合伙人是否合适。这个问题很复杂，我的建议是，如果对方没有首先这么做，你就别拥抱。这不仅可能会侵犯对方的个人空间，而且也会使迎接显得不够庄重。

这是我要做的事 □

错误 40 缺乏经济保障

弗吉尼亚·伍尔夫说，每个女性都要拥有一间自己的房间。别的女性则会告诉你，拥有自己的银行账户比这更重要。不管你是依赖丈夫还是雇主，经济不独立都意味着没有选择职业的自由，或者说不能自己做主。如果自己没有钱，财务状况一团混乱，或者没有给未来准备充足的财产，那么就等于没有自由。

但为什么这是一个可能毁掉职业生涯的错误呢？因为如果你没有经济上的保障，你就会以不同的方式行事，做出与你最好的职业利益相反的决定。女性更有可能继续从事没有前途的工作，因为她们负担不起离开的损失。女性也不太可能做出艰难但必要的决定，因为她们害怕惹是生非而失去工作。而且女性通常也不太善于理解商业决策所牵涉的财务意义，因为她们不够关注自己的经济事务，而这正是她们学习理财和积累商业经验的地方。

女性还常常被迫在没有为成功做好准备的情况下再次加入就业大军，因为她们在经济上依赖的人决定停止经济支持。我完全明白，做家庭主妇能够教女性学会许多技巧，这些技巧可直接用于职场，不过她们从未跟招聘者强调这一点。结果，稍晚进入职场就成了一个劣势，让女性只能获得入门水平的低工资职位。

卡里尔就是这样的女性。她终身都为一个雇主工作，而且勤勉努力。她单身，没有孩子，尽管她拥有自己的房子，也准备了点养老金，但是，直到62岁，她的积蓄都不够她退休养老之用。后来她所在的公司被出售，那些了解她并且尊重她工作的老经理，都得到了一笔数量可观的遣散费。但是因为她在公司的职位不够高，所以并没有得到这项福利。

新的管理人员就职之后，她发现自己这些年来积累的工作技巧，根本无法适应新老板的要求。他们更想招一个年轻一点儿，工资少一点的人。她知道，以她的工资水平，新老板完全可以雇用一个更符合预期的员工。在她那样的年龄，凭着她那样的薪水，卡里尔没有多少选择的余地。她被迫留在一个她已经不受尊敬的公司，大材小用地做一些杂活儿，就因为她不曾为自己的未来制订合适的财务计划。就像个人理财专栏作家，我的好友和共同作者利兹·韦斯顿说的那样，你得有一笔资金储备，作为你的"救命稻草"。

指导小贴士

- 读一读利兹·韦斯顿写的《关于金钱的十大戒条：新经济环境下的生存之道》(*The 10 Commandments of Money: Survive and Thrive in the New Economy*)。阅读这本书可以让你完全理解跟金钱有关的重要思想。另外，针对如何获得经济独立，你也能了解到不错的建议。

- 制定一个财务目标。我所认识的所有女性，在决定某件事时都很清楚自己应该读些什么。现在你也应该想想如果想要变得富有，你都应该知道什么。

- 选择一位优秀的财务策划师，在他的帮助下制订一份可靠的个人财务计划。

- 如果你还没有个人储蓄账户或者其他退休账户，那么今天就去开一个。最多不要超过一年就要存一笔。如果你超过了40岁，做一项预算从而存入更多。不管是从50元还是500元开始，只管存钱就好了。希望等你慢慢变老之后，做个有钱的老太太，而不是一贫如洗。

- 如果去商场买的东西不多，就用20元的钞票来付款，然后把找零存到家里的存钱罐里。等到罐子满了之后，把硬币和纸票都存到储蓄账户里。

这是我要做的事 ☐

错误41　给他人当服务员

克里斯汀是一位新上任的经理，她从不让自己的团队成员做那些她自己不想做的事情，并且引以为豪。在最近的一次远距离工作中，她的团队分成小组活动。她在各小组之间穿梭往来，提供帮助。有一个小组让她端些咖啡来，她想想这也不是什么大事，就照做了，然后他们又让她帮着复印文件，她也照做了，最后他们又让她取几支新的墨水笔。

乍一看，这些行为好像没有什么不妥的地方，但是仔细想一想，就会发现为什么克里斯汀团队里的某些成员经常不能按时完成任务，并且在她要求提供信息时不予理睬。她渴望帮助自己的团队，但是他们却开始把她当作一名小职员。当她端咖啡、取笔和复印资料时，团队里的几名男性成员却像真正的领导那样，提供给小组需要的帮助。

尽管我坚信罗伯特·格林利夫倡导的仆人式领导哲学，但是许多女性在升职进入管理层或被要求领导一个项目团队时，却把这一信条用到了极致，结果就遭遇了跟克里斯汀相同的问题。她们未能从实干者转变为领导者。如果你忙着做事情，你就没有时间作为领导者提供团队需要的远见卓识、指导方针、技术支持和监督。

指导小贴士

- 读一读《哈佛商业评论》的文章"领导者应该做什么"（What Leaders Really Do），作者是约翰·科特。这篇文章可以帮助你了解组织的高级阶层中，应该具备哪些高阶行为。虽然你还没有达到那一层次，但是读一读这篇文章有助于你实现这个目标。
- 区分提供帮助与受人利用。如果你真的是在给予帮助，那么你就要提供必要的资源和支持，以便其他人高效率地完成工作，达到预期的效果。如果你在团队里是干得最苦的，那么就是在被人利用。
- 与其帮人工作，不如教人怎样工作。尽管从短期来看，这会花更多时间，但从长远来看却是值得的。
- 问问你自己，提供服务是因为你认为人们会因此而喜欢你，还是因为这是真正需要你做的事情。

这是我要做的事 ☐

第四章

如何正确看待工作
How You Think

改变你对工作方式的看法是改变自我挫败行为的关键。我们大多数人都有自己的观念,知道什么能让自己得到认可,什么不能。这被叫作迷信行为,因为我们会相信如果不去做这些事,灾难性的事情就会发生。迷信思维的例子包括——我只有比别人更努力地工作,才能得到奖励;要是我将真实想法告诉老板,她会炒了我的。这些想法大多来源于父辈传授的有关工作的信息,对他们而言可能是正确的,但在我们这里已经不再有效了。同样的,有些行为在我们职业生涯早期也许有用,但之后通常就没那么有益了。作为新入门的员工,要获得尊重和注意,比起设法展示领导能力、公关技能等,更紧要的是做好手头上的工作。因此要摒弃这些信念比较难,毕竟到目前为止它们都还是有效的。

辅导中最困难的内容之一就是让人们尝试新的行为。这有一点像丢掉穿旧的网球鞋。它们穿起来很舒服,但已经被你穿坏了。你很清楚穿着它们是什么感觉。三年前它们看起来很棒，但如今你再也没办法穿着出门了。下一节我们将关注一些可能在你的工作生涯早期就已经形成，但是需要尽快抛弃的行为。

错误 42　像雇员一样思考

你不能只是来上班，做好自己的工作就行了，这就是像雇员一样思考。作为一个既做过雇员，也做过雇主的人，我可以告诉你，这两者所想的是完全不同的。日常工作中分配给女性的无尽任务，再加上应该正确地做事情（而不仅仅是做正确的事情）的观念，让她们很少有时间在考虑自己的工作之外，更广泛地对自己的角色进行思考。相信我，你的老板不希望你仅仅是一名雇员，而更想让你成为一位共同朝着目标奋斗的事业伙伴。下面的表格可帮你分清这其中的区别。

雇员	事业伙伴
做她的本职工作	想办法为公司创造收入、节省开支或提高效率
从不质疑权威	委婉地质疑那些看来不够合理或有效的指示或任务
拿一份薪水	通过经历、培训获取可化为己用的宝贵技能，并抓住新的机遇
履行职位描述中的职责	主动做那些未要求到她，但需要有人去做的工作，从而扩展了自己工作职责的界限
仅考虑眼前	长远思考
等待指派任务	寻求机遇，收集数据，准备提案并将其实现

对许多女性而言，问题在于她们必须要做的事情已让她们不堪重负，根本就无法挤出时间去拓宽思维，进行战略性的思考。在下一节，我会指出你需要摒弃的一些错误，以成为老板期望和公司需要的伙伴，不过现在请先考虑以下的指导小贴士来帮你开始进行转变。

 指导小贴士

- 向老板请求一些既可以帮他（她）减轻工作量，同时又让你有机会扩展自己技能的任务。坦率地去请求——只要有交换条件，便不会被当作是谄媚。

- 仔细思考你的每一项主要职责是怎样与部门或公司中的其他职能单位互相配合的。想象一个复杂的功能网络，其个体是相互独立的，而你就是其中的一分子。不应只计较个人得失，更应为公司整体的成功负责。

- 阅读行业杂志和专业期刊，它们能让你深刻理解所在领域的当前趋势，并为如何实施最优方法给出建议。当你在阅读时，将提及了最优方法和最新趋势的文章或书籍分享给你的老板及同事。

- 经常这样问自己：有什么事情是我们现在不做，但如果我们开始做的话，就会从根本上改变我们的经营方式？然后想办法做些改变，以提高公司的收益。

这是我要做的事 ☐

错误 43 相信工作与生活平衡的神话

如果获得晋升对你来说非常重要，那么就不用谈什么工作与生活

的平衡了。男性一般做不到平衡,而考虑到女性额外的家庭责任,可能性就更低了。事实上我们从很久以前就再也没听人提过"平衡"这个词了,取而代之的是工作生活一体化,因为重点在于,作为一名职业女性,你该如何将生活的两个方面结合起来。《大西洋月刊》的专栏作者安妮·玛丽·斯劳特,曾写过一篇引起巨大反响的文章,叫作《为什么女人仍然不能拥有一切》。文章中她提出了这个多年来我也反复提及的观点:是的,女人可以拥有一切,但是不可能同时拥有一切。

作为女性,我们总是要面临在工作和家庭之间做出选择的两难局面。有一位女性这样说:"上班时我会觉得应该回家和家人在一起,而真正这样做的时候,又会觉得我还是应该去工作。"你也许会想,目前女性在劳动人口中已占到半数,同时数据表明,让女性担任领导角色会大有裨益,那么到目前为止,美国企业应该已经找到了让女性在生活中获得更多平衡的方法。可惜,事实并非如此。而我们自身的一些行为却让本已艰难的局面更为恶化。扪心自问,在家庭和工作中,有多少以下行为阻碍了你在生活中获得更多平衡的能力:

- 苛求完美
- 极少寻求帮助
- 对你一天能完成的工作量抱有不合理的期待
- 为达不到别人对你的期望而感到内疚
- 不会谈判
- 认为自己加倍努力也只能做到别人一半好
- 任由他人来安排你的时间

即使你仅承认有上述行为的两三种,也足够表明你正处于名副其实的超时工作状态。是时候更加实事求是地考虑如何营造自己的生活了,不只是要高效，还要更有意义、更加充实、更具回报。

 **指导小贴士**

- 阅读安妮-玛丽·施劳特的文章《为什么女人仍然不能拥有一切》，出自《大西洋月刊》2012年7/8月刊。作为一篇经典文章，它能够帮你理解为什么女性总是认为（或者正在努力尝试）自己应该在工作和生活中保持面面俱到，这种想法已经快把她们逼疯了。
- 甩掉内疚感。内疚感在你的生活中绝对是毫无作用的。当你开始感到内疚时，问问自己可以切实改变些什么来使局面好转，并着手行动。如果答案是一切都无济于事，那你不妨继续前进。
- 注重质量而不是数量。加班加点地工作并不会使你更有效率或者被视作对公司更有价值（假设公司不要求加班）。事实上，它会让你看起来不堪重负、效率低下。类似地，你与你的家人相处时间的长短并没有它的质量那么重要。你可能人留在家中，心却不知去哪儿了。努力做到不管身处何地都全身心投入，并将生活的各个方面进行划分。以我个人为例，当我感觉左右为难时，我会在心中做一个假想练习，设想自己将担忧放进一个盒子，然后放在橱柜里的高处。我告诉自己，晚些时候再取出盒子去处理那些事情，但眼下我必须完全投入。
- 抵制同时承担多项任务。正如错误20中提到的，所有的研究均表明，长时间承担多项任务会降低我们的效率，并且会对大脑造成长期的有害影响。

这是我要做的事 ☐

错误 44 总想创造奇迹

理性地想一想，看看周围获得晋升、得到认可的人，他们算是制造奇迹的人吗？女性们引以为傲的，正是她们能够花小钱办大事，完成不可能完成的工作，在不可能中创造出可能。因此她们坚信，总会有人认可和欣赏她们的努力。她们没有意识到的是，每当她们创造一个奇迹时，便又将人们对她们的期望提高了一个档次。不仅如此，当她们正全力越过层层关卡时，男性同事们却在设法令自己获得更多关注，从而得到更多回报。

让我以安妮塔的遭遇作为例子。她从广告业跳槽到一家前五强的咨询公司。毫无疑问，她在自己的领域是个行家——每个人都这样说。也正如她老板所说："她接手了一个烂摊子。"靠着起早摸黑、周末无休地苦干，她逐渐找到了症结所在，并且着手解决问题。不管拿什么事找她，她都能一一解决。

然而，第一年她还是事事得当，到第二年却变成事事不对了。人们希望她能每天达成同样的结果——乃至更多。为此安妮塔只能无休止地将时间消磨在办公室里。在第一年她设下了过高的标准，结果到第二年时已不可能超越甚至保持在这一水平了——尽管人人都期望她能那样。这并不是说她第一年不该那么全力以赴，或者应该设法韬光养晦。而只是说你必须务实地建立工作习惯，不要觉得自己非得做一个女超人。

在我作主题演讲时，如果有男士在场，我会随机挑选一位提问："当你的老板要你创造出一个奇迹时，你会怎么办？"我得到的答案免不了就是这三者之一："我会不置可否地笑一笑"；"我会谈条件"；"我会把它转交给一位女士"。而换成女人，几乎都会回答："我会去做。"记住，奇迹创造者会得到人们的推崇，却得不到认可。

 **指导小贴士**

- 正确对待期望。总是愿意付出额外的努力，但应做出合理务实的选择。例如，如果要求你用500美元的预算为250个人筹办一场公司假日聚会，你可以说："我对预算没意见。摊到每人头上有两块钱，我就不准备酒品，然后让每个人自带一份餐点；或者，如果您愿意把预算提到1000美元，那我们就可以提供熟食，还有饮料。您喜欢哪一种？"这样就把责任推回给提要求的人，而不是让你去做对糟糕活动负责的替罪羊，或者让你觉得自己必须创造奇迹——即使假日里有很多促销活动，也是不切实际的期望。

- 设定合理的每日或每周目标。女人们会觉得一天有34个小时。记住帕金森的忠告："工作会随着时间的增加而增加。"如果你早上来上班时抱着你必须工作到晚上9点的想法，可能你就是得工作到晚上9点才能干完活。如果你来时抱着下午6点就走的想法，那么你很可能到了6点就把活干完了。

- 如果人手不够，去寻求帮助或者争取一个合理的期限。你可以说："我很乐意按你所要求的在5点钟就完成，但我们真的没有足够的人手，应该要到明天的5点。"你可能要在此基础上去谈判，但不用一直工作到半夜。

这是我要做的事 ☐

错误 45 大包大揽

这是总想创造奇迹的另一种表现。把一个项目指派给你，并不是说你是唯一一个能做或该做的人，而只是说你有责任去落实它。独自完成不会得到任何嘉许，完成它才会得到加分。事实上，如果能够分派项目任务或者争取到别人的帮助，你看起来会更为得心应手。这表明你知道怎样去管理一个项目。你是否注意到，当一位男士被指派到一个项目时，他首先做的就是分派任务。

我曾经辅导过一位女士，她被指派去为公司的慈善事业订一个计划。公司以前从未资助过非营利性团体。这件事让她感到气馁，她不知道从哪儿开始。在我们讨论之后，她终于意识到她不用在一天内做完所有的事情——也不用所有事情都亲自去干。请公司和团体中的相关人士来参与实际上会更好，因为这样她便从一开始就获得了他们的支持，并且能够利用到他们的创意、能量和资源。跟我见面之后，她感觉就像肩头卸下了一副沉重的担子。

指导小贴士

- 当被分派一个项目或任务时，要避免立即开始的冲动。花些时间仔细思考，做好规划，确定手上的资源，等等。将项目细化成多个小部分并设立好节点，使你在项目完成之前便能够持续地衡量和汇报工作进展。这样你就能比较轻松地卸掉肩上的担子。

- 持续在你的公司及职业团体内经营人脉关系，不要等到需要的时候才开始，那样就太晚了。这一点我在后面还会深入讨论。
- 不要白费力气做重复的工作。我意识到在这个世界上并没有太多的新事物。如果我要去做某件事，意味着肯定有人之前就做过。找到这些人，请他们分享一些专家意见。
- 要学会分派任务。即使你手下并没有人直接向你报告，也可以动用你已有的人脉关系来提供协助。

这是我要做的事 □

错误 46　唯命是从，照章办事

这一点并不是对所有女性都适用，但我们中的有些人，一旦接到任务，就迫切地想要迅速完成。我们太渴望快速完成工作，或者得到渴望的赞扬，我们看不到什么能帮助我们更聪明地工作。我们倾向于关注细节，而不是大局，但取得成功的人知道如何平衡战术和战略。

在我的办公室就有两位女士非常擅长此道。她们的工作是管理新项目和新客户。我习惯掌控大局而非细节，所以过去我总是认为自己需要的都是注重细节的员工，也是如此去雇人的。金和杰西卡的到来，让我看到了一直以来自己没有觉察的错误。

一接到任务，她俩并不会即刻开始动手，而是先思考一番，然后问很多不错的问题。这样可以节省相当多的时间——更不用提金钱和挫折感——我们不会再在半道上意识到我最初对项目的想法不够成熟而半途停止。她们给公司带来了价值,不是靠顺从地接受我的指令,而是靠思考和规划——这也正是你想被人看中的。

 **指导小贴士**

- 在开始复杂或者庞大的任务前,先花些时间与同事们来一场头脑风暴。挑选那些跟你的思考方式不一样的人,以保证你能够从全方位的视角来考虑这个项目。
- 在开始之前,思考一下如何更快、花费更少或者更有效地完成任务,而不只是对任务的细节做出反应。然后回去找派给你任务的那个人,与他讨论一下你觉得更加行之有效但能提供更好结果的改进。
- 学习一门压力管理课程来克服火急火燎做工作的倾向。在这儿你将学会克服焦虑的技巧,从而完成高风险的项目。

这是我要做的事 □

错误 47　视当权男性为父辈长者

卡洛琳是一位积极上进的职业女性,她非常机灵和自信——除了在职级比她高的男性面前。当他们问她一个问题时,她就变得结结巴巴,像孩子一样。她来向我咨询，是因为她知道自己并没有在这些男人面前展现出自己想要的形象。她表现得像个小女孩，结果便被人这样看待。一开始我就意识到告诉她如何变得更加自信或者善于表达并不会有效。她已经知道该如何做了。问题是在特定的人面前她无法做到。

在我们早期的一次会面上，我请她和我谈一谈她的父亲。结果发现，他曾是部队的一名上校，以管理军队的方式来经营他的家庭。在她的描述中，父亲是一个有权威、吹毛求疵、难以取悦的人。当我进一步探究她的童年是如果度过时，她说她学会了做一个乖乖女，遵守所有的规定，刻苦学习，不做任何可能让父亲不高兴的事。开始工作之后，对那些职级比她高的男性，她都当作自己父亲一样去回应，把自己当成顺从的女儿。

与卡罗琳不同，另一位女性苏珊娜的父亲体贴而慈祥。他鼓励苏珊娜追求自己的梦想，并一路给予精神上的支持。她来接受辅导，是因为她无法理解为什么自己从来不能让老板高兴。她觉得自己肯定有哪里做得不对。我认识她的老板，但我并没告诉她，他素来严苛，自负无所不知。不仅是她，没有任何人或者任何事能够取悦他。苏珊娜所无法理解的是，并非所有男性都像她父亲，她也不能期待他们像父亲一样对她。

苏珊娜和卡洛琳的共同点在于，她们都不恰当地将自己的老板当作父亲一样的人物。对他们抱最好或最坏的期待，都无法让你与你的领导或其他高管建立独立、客观的关系。

指导小贴士

- 如果发现自己应对老板或者其他男性权威人物的方式异于平常

时，问自己这三个问题：

1. 他让我想起了谁？
2. 在他身边我表现如何？
3. 为什么我面对他时如此无力？

- 答案将帮你了解自己为什么，又是如何将老板当作你的父亲的。

——自我开导，将男性权威人物与你的父亲区分开来。当你与领导见面时，告诉自己他不是你的父亲，你与他是平等的。根据需要经常这样做，使自己深信这一点并采取相应的行动。

——降低你的敏感度，把焦点放在男性权威人物给你的信息上，而不是传递信息的态度。这样能让你客观地接收信息，并恰当地做出回应。

这是我要做的事 ☐

错误 48 作茧自缚，限制自己的潜能

安妮·威尔逊·史考夫在其经典书籍《女人的现实》(*Women's Reality*)中指出，在我们的文化中，权力小的人活在由权力大的人圈定的范围之中。处在整个阶层顶端的人决定着什么行为对其他所有人来说是正确的，其中就包括女人。在许多方面，《职场女性：别让这些细节绊住你》谈的是女人如何按照男人所制定的规则而活。游戏规则都是由男人来定的，这严重影响着女人在工作场所内外可接受的行为方式；同

样，我们所处社会的法律都是由男人占多数的立法者和高级法院法官来制定的。

史考夫指出，甚至我们都没意识到，以这样的方式生活把我们的选择限制得极为狭隘。就像空气污染，如果你生活在其中，长时间呼吸着它，最终你便相信空气本应该就是这样的。直到你看到一些未被污染的地方的湛蓝天空，才会意识到有所不同。对女人来说，空气一直都是被污染的，所以我们经常没有机会看到事情可能如何的不同。我们变得相信自己可能性有限，而事实上这是因为我们允许它被限制。

不久前，有一位女士被介绍到我这里，她想寻找一个自己能胜任的职业机会，但又不确定是否要参与竞争。多年来，她一直在一家非营利性组织担任副职。她看着主管（都是男性）不断变换，却从未真正认为自己能成为最高职位的竞争者。董事会的成员也全部是保守的男性，当主管出现空缺时他们也从没有考虑过她。这让她相信自己永远不会被认作是一个有效的候选者。

在我们第一次见面之后，我俩都很明白她具备做那份工作的天赋和经验；她只是不够自信。她所成长的家庭中，哥哥有着救世主般的超然地位；她觉得自己的确很棒，但远非哥哥那样有天赋。这就很清楚地解释了，为什么直到现在她都满足于扮演副手的角色。

我们第二次见面时，我想要知道为什么这么多年过去了，现在她想站上最高的位置。她说，她发现很多女性同事都在和她差不多的职位上开始了自己的职业生涯，现在她们都成了各自所在非营利机构的执行董事或总裁。她思想上的转变一部分是出于尴尬，另一部分是因为她对现在的工作感到无聊，她准备迎接新的挑战。。

在我们第三次见面时，这位女士已经准备好了一个计划，来表达她对这份工作的兴趣，并说明为什么她是最合适的候选人。两个月之内（董事会的动作非常缓慢！），她成为这个职位的主要竞争者，三个月之内,她就坐到了董事的大办公室。

关于"我们属于哪里",女性被给予了很多微妙或不那么微妙的信息,以至于我们常常被人为地局限在一个狭窄的范围里。娱乐史上最有权势的女性之一是派拉蒙电影公司的前CEO雪莉·兰辛。当她意识到经营自己的电影公司的机会永远不会落到自己头上时,她便创办了自己的制作公司。当她的公司制作出《致命诱惑》和《暴劫梨花》等高票房影片之后,电影公司的负责人注意到了她。在很短的时间内,她被邀请回派拉蒙继续与那些大男人们共事,并且得到顶级的职位。我曾有幸与她交谈,可以说她能做到这一切,并不是去迁就娱乐圈那些典型的肮脏手段,而是靠极高的情商和亲和力。这里要告诉大家的是:如果你生活在别人限定的范围内,你永远不会知道自己的全部潜力——其他任何人也都不会知道。

指导小贴士

- 在每个岔路口列举出你的选择,从而有意识地扩展你的可能性范围。如果你无法看清这些选择,就和朋友一起讨论。
- 限制性的自我暗示,例如:

  我永远做不到凯西那样。我没那么勇敢。

  不管我说多少事实,他们都不会赞成这个主意的。

  我干脆就别申请那个职位了。我不是最有资格的。

  我脑子不好使,拿不到博士学位。

  我永远挣不到够我提前退休的钱。
- 避免忽视非常规选择的倾向。在决定方向之前,考虑你的所有选择。很可能你最初忽视的一个选择恰好是最适合你的。

- 阅读成功女性的传记，学习她们是如何拓宽自己的可能性的。
- 忽略那些否定者。人们告诉玫琳凯·艾施她不可能建立起一家成功的化妆品公司——那么看看她所做到的！好好记住，她最喜欢的一句话就是："按空气动力学来说，大黄蜂根本就不能飞，但大黄蜂自己并不知道，所以它只管继续飞。"

这是我要做的事 □

错误49　忽视交换

人们不喜欢谈论交换，但每一段关系都有一个交换条件——一个东西会换来另一个东西。交换可以是显而易见的，比如我给你一份薪水，因此希望你做好一份工作，或者更微妙些，我帮你做一次引荐，作为回报希望你能帮助我更快地处理开销支票。人际关系中心的交换不言而喻，心照不宣。但女性并不非常擅长利用交换，相反，她们提供帮助却要求很少甚至不要回报。

在工作中建立关系，很重要的一部分就是认清交换条件。你有什么是别人想要或需要的，以及别人有什么是你想要或需要的？每当你满足他人所需时，一个筹码（打个比方）便存入到你的账户中。诀窍在于总是要让你账户中的筹码多于你的需要。你能做到这一点的唯一方法就是以慷慨的姿态与他人来往。

我的一位前客户不久前打电话来，告诉我她现在到了一家新公司。

她说如果我能过去和公司的女性团体聊一聊，将很有意义。当我问到她的预算时，她说一点都没有。她希望我可以接受，就当我帮她一次忙。既然对人们讲话是我的谋生手段，这的确是一个大忙，虽然没有费用，我还是去做了。这位女士人脉广泛，我觉得有一天我可能会需要她帮忙。

大概几个月后，我需要一个场所来举办一次非营利性活动，我也知道她的公司正好有几个足够大的空间。所以我给她打电话，问她是否能够帮帮我。在支支吾吾一番过后，她说她没办法帮忙安排，我便礼貌地告诉她不用担心。当我最终为活动找到一个地方时，我给她发了邀请函，满心以为她会回报我对她的帮助，买一张募捐活动的门票（即使她不能参加）。但她同样什么也没有做。所以当两年后，她跳槽至另一家公司，再次请我帮忙时，我选择了说不。交换条件已经被破坏了。时间是有限的，我要么用来帮助那些自顾不暇的人，要么那些能够为我和我的目标提供支持的人。

这件事并没有听起来那么工于心计或者唯利是图。我们整天都在不知不觉中做着这样的事。比如说，我替你完成了一个报告，因为你要提前离开去看医生。我得到一个筹码。几个星期后，我需要一些信息，也知道你在研究时收集了。当你把信息给我时，就等于我把筹码兑现了。有时交换会通过语言表达（"还记得我上个月借笔记本电脑给你吗？嗯，我有一个不情之请。"），但更多时候并不这样。

 指导小贴士

- 当你为别人做了分外之事时，一定要让他们知道。一个巧妙的方法是这样说："你觉得我能在离开前完成这份报告吗？好吧，我本打算下班见一个朋友，不如我打电话给他，让他知道我要迟到

了。"如此你便收集到了一个筹码。

- 不要让事情看起来那么容易。试着说类似的话:"我很高兴告诉你,我说服了IT部门提前修好了你的笔记本电脑。我知道你在出差前需要用。"你的账户中又有了一个筹码。

- 在会议上口头支持某人,公开的赞誉,耐心的倾听,或者传递某个消息等,不要低估这些小事的交换价值。他们都是有价值的职场可交换品。

- 谨慎地兑现你的筹码,但不要害怕使用它们。如果你申请一份工作,一个你已经收集了很多筹码的人正好有招聘方的信息,就找他要。当你在紧要关头需要有人帮忙时,向一个你过去给予同样礼遇的人请求帮助。记住,筹码的交换并不总是一对一的,也不总是收集筹码后马上就要使用,而且也没必要做得很明显。

这是我要做的事 □

错误50 逃避会议

不要以为会议都很重要、有趣或者值得你花时间,这样想太天真了。只有不寻常的会议领导者才知道如何实现这三个可以实现但很少被认可的目标。也不要因为工作真的重要就总是待在办公桌旁埋头苦干。我觉得如果你认为会议的内容就是会议的全部,那么大多数会议都是对时间的惊人浪费。其实不是这样。

它们之所以叫作会议,而不是工作,是有原因的。会议为你提供机会,让你看到别人,也让别人看到你,大家互致问候,还可以玩"展示和讲述"的活动。它是你将在第五章读到的品牌和营销的一部分——正是大多数女性需要投入更多精力的事情。

指导小贴士

- 不要逃避会议。(我这样说话,够直接吗?)
- 以会议为契机展示特别的技能或知识点(只要它不是做笔记或熬咖啡)。如果你擅长组织筹划,那么主动去主持会议(这比坐在那里无聊好多了)。或者,如果你想拉关系,支持一下别人说的话(但前提是你真的认同)。
- 请求被邀请参加那些有机会见到高级管理层,或对你需要支持的事情进行介绍的会议。
- 在会议上选择扮演一个角色。在托马斯·凯泽的《团队淘金术》(*Mining Group Gold*)一书中,建议你可以做些什么从而被视为团队的宝贵成员。从帮忙解释别人说了什么,到提出其他人都不想提的问题,你有很多角色可以扮演,也让你参与其中,并得到他人注意。

这是我要做的事 ☐

错误 51 为工作牺牲生活

不要让工作成为你人生的全部。一家财富 100 强公司的 CEO（当然，是个男的）告诉我："如果我的员工不能把工作完成，工作之外不能有自己的生活，那他们一定是做错了什么。"难道你真的想等你离开人世后，在墓碑上写着："先公司之忧而忧"？公司给了你一天的工资，你就老老实实付出一天的工作；如果需要加班，你也老老实实付出合理的额外时间（不管是否带薪，都应无怨无悔），但是你真的不需要把自己的灵魂也贡献给公司。

照我来看，那些放弃生活中的重要东西来满足工作需要的女性，要么家里没啥可牵挂的，要么是不想去处理家里让她牵挂的事情。像任何其他"主义"一样，工作狂主义通常是为了逃避。工作之余拥有自己的生活和人际交往，这更有利于积极地工作并且取得成绩。必须放弃生活才能获得事业成功的想法根本就是一个误区。只会工作而不会享受生活的女性，就像布娃娃一样乏味。

指导小贴士

- 如果因为公司要求你或者你忙不过来而取消计划，那你一定要三思而后行。如果有必要，你必须得取消计划，但是如果这种情况经常发生，肯定有哪里出了问题。永远不要因为工作需要取消你与孩子的计划，除非你的工作一刻都不能再等。即使那样，也要三思。出

第四章　如何正确看待工作

于经济的原因，显然你不能冒险失去工作，但你也应该问问自己，如果换一家呵护家庭价值的公司，你是不是就会变穷。

- 培养业余爱好和兴趣。如果你还没有，就找一个。
- 你想自己的墓碑上写的是什么？现在就按着它去做。

这是我要做的事 □

错误 52　让人随意占用你的时间

我猜，我们的脑门上肯定写着："来吧——到我这儿浪费时间。"要不然，他们为什么觉得可以花那么多时间跟我们瞎聊呢？我不明白为什么总有人——男人、女人或者孩子——会走进我的办公室，说："我能问你一个问题吗？鲍勃这会儿在忙。"难道我就不忙？你的时间是你最宝贵的财富之一。一旦它消失了，就再也找不回来了。

但我们应该体贴，应该善良，应该……好吧，我在这里要告诉你，体贴和善良跟保护你的时间并非互相排斥。做什么事都要考虑时间和场合，如果你赶着在最后期限前完成任务，如果你和美发师约好五点半做头发，如果你老公的家人要来吃晚餐——这些时间都是不能占用的。

克里斯汀·瑞特是时代战略咨询公司的总裁，她要做的是协助客户最大限度地利用他们的时间。当我问她在浪费时间方面，女人与男人的不同时，她告诉我："想要取悦每一个人和说不出'不'字对女性来说是对时间最大的浪费。我们不喜欢冲突和对抗。结果，我们很难设定界限，明确自己的立场。"

合上书的时候，不要以为我给你的建议是，你永远不要为别人腾出时间。这样做只会对人际关系造成不可弥补的损害，并让你无法得到本可以在今后交换的筹码。但要好好想一想，你是如何让别人占用了你的时间的，尤其是当你根本没空的时候。

指导小贴士

- 区分人们需要谈话的时间和他们想要谈话的时间。
- 跟着我说："你知道的，我很想再多聊一会儿，但我今天时间很紧。不如我们明天接着聊？"
- 利用时间管理的技巧，比如在你的办公室多余的椅子上放一堆文件；当有人走进来时，不要放下你的铅笔；只在特定时段回复电话、语音邮件和电子邮件；还有，当你在加班加点赶活时，在门上挂一个"请勿打扰"的牌子。
- 还有一些来自瑞特的建议

    1. 明确设立你有多少时间可以分享的界限，或者就说没有时间，世界不会因此而崩溃的。

    2. 当人们无视你的界限时（对待女性他们免不了会这样），再说些强调的话："正如我之前说的，我很愿意多花点时间陪你，但今天的时间安排真的不允许。"

    3. 如果别人让你在约好的会面中等待超过了20分钟或30分钟，那就马上离开。包括工作午餐、医生预约以及与朋友的小叙。

这是我要做的事 ☐

错误 53　不愿谈判

两位作者卡罗尔·弗罗林格和德波拉·科尔布已经帮助数千名女性在谈判时变得更加自信和出色。可能让你惊讶的是（因为有太多的错误信息），女性谈判的结果和男性一样好，甚至更好——除了她们是为自己谈判。不论是为了加薪、升职，还是希望获得认可，只要她们自己是受益者，效果就都不好。

卡罗尔和我有过几次讨论，为什么会是这样，对此女人能做什么，该做什么。让我们先从一个事实说起，即自孩提时起，我们就被社会按照刻板的性别角色来约束行为。而且，正如你所知，乖乖女让别人占先，从不提钱，也从不自我吹捧。带着这些信息进入成年，乖乖女都不愿意表达自己的主张——这看起来就不是正确的事。相反，她们努力工作，希望有人会注意到并给予应有的回报。显然，这是一种谬论。"不能在工作中主动进行谈判不仅仅是浪费了金钱，还会影响职业发展机会和工作的成功，"弗罗林格说道，"当有一个更好的职位空缺时，女性们要高举双手，让大家知道她们感兴趣。她们必须去申请完成工作所要求的资源，必须就项目细节和最后期限达成协议。是的，当谈到报酬时，她们必须要有主张。"

在写作《乖乖女难致富》时，我有幸采访到加州大学的丽莎·巴伦博士。丽莎发表了一篇文章，题目是"勤问必有所得？在请求加薪时谈判者心理的性别差异"，文章的根据是她对 MBA 学生（男女都有）的一项研究。在研究设定的场景中，所有学生都得到了一份年薪 6.1 万美元的工作，外加 5000 美元的奖金。他们也被告知，该项目的其他学生在另一家公司也得到了类似的工作，年薪 6.7 万美元，奖金 1 万美元。

这些学生还被告知，工资，甚至学费报销和假期都可以谈判。最后，男女学生都通过谈判得到了更多的报酬，但男生得到的要多得多——因为他们要求更多。丽莎根据男生和女生要求的数额总结出三个主题：

1. **权利**。男生认为，跟他们在其他公司的同学相比，他们有权得到更多，而女生则认为应该和她们的同事得到的一样多，这才公平。换句话说，男性在权利方面想得更多，而女性则更多的是想要得到她们认为的"公平"。

2. **价值**。男生的工资与他们认为自己的价值更相称。如果一位同事的年薪是 6.7 万美元，他们认为自己应该得到更多，因为他们的价值更高。女生对价值的概念感到不舒服，她们不认为自己更有价值，或者无法衡量自己的价值。

3. **证明自己**。研究中，女生在证明她们应得之前，会犹豫着不敢要求更多。而男生则以自己过去的经验为理由来要求更多的报酬。

4. **后果**。男生和女生都会考虑要求更多的报酬带来的后果，但男生并不担心暂时的破坏会影响到他们的将来。女生们更担心招聘人员对她们的评价不好，或者认为她们太贪婪，不够友善。

最棘手的是，对女性来说，光提要求是不够的，她们必须认识到，关于她们是否应该以及如何进行谈判的刻板期望仍然存在。忽略这些期望的后果是危险的；人们认为女性"和善"而不愿谈判。女性谈判的最好办法就是不要自夸，而要尽量表现得无私，把她们想要的东西和对公司有益的东西联系起来。

还有一个问题是，很多女性将谈判等同于对抗。其实没必要这样。

事实上，罗杰·费舍尔和威廉·尤里在他们的经典书籍《达成共识：不让步也能达成一致》（Getting to Yes: Negotiating Agreement Without Giving In）中描述的"双赢"谈判，不仅是一种让大多数女性更安心的方式，也是与同事及客户谈判时唯一有效的办法。为什么呢？因为我们在谈判之前、期间及之后所做的一切，都应对关系进行加强。此外，因为这种谈判要求考虑到对方的需求，女性一般都被认作是成熟的听众，在这方面理应做得出色。

还有更多的好消息。谈判是一种可以学习的技巧；只要你愿意投入精力，你就能够改善你得到的结果（并减少得到它们时的压力）。每一次重要谈判后，思考那些有用的东西（以及为什么有用），还要考虑下一次你该做些什么才能更加成功。

指导小贴士

卡罗尔·弗罗林格对如何更好更有效地就你想要的东西进行谈判提出了下列建议：

- 始终表现卓越。如果你的工作持续超出预期，在谈判时便占据了优势。因为你能为公司贡献可观的价值，大佬们愿意尽一切可能让你满意。毕竟，让能干的人离开公司，后果是很严重的。
- 做好你的功课。尽可能多地了解在你的行业中（在你的公司或部门中的更好）其他人已得到的信息。将互联网作为收集数据的一种方式，但不仅仅依赖在线搜索；还要利用你的关系网来找到你所需要知道的。掌握这些资料能为你的谈判建立起合理的目标。
- 要清楚你想要什么。如果你不知道自己想要什么，也就得不到你想要的。同时，创造性地思考你的需求如何能够得到满足。例如，为了争取更多的资源，你可能会愿意接受一个更大的项目范围或者更短的期限。

- 要有一个"B计划"。如果不能和其他人达成协议，考虑一下其他的选择。其他选择好坏如何？这就是在《达成共识：不让步也能达成一致》一书中提到的"谈判协议最佳替代方案"。你的替代方案越好，谈判中你的优势就越多。还要考虑到对方的"替代方案"；如果你们无法达成协议，他们失去的也许和你一样多。

- 预见到拒绝。预见可能会遇到的阻力，并计划好如何应对。但是要记住，知道你要说什么是一回事，但真正有效地把话说出来是另一回事。这就是为什么，如果是一个重要的谈判，你应该更进一步，找一个朋友和你练习一下。告诉朋友足够的相关信息以及你将与谁进行谈判，以便他或她能够到位地扮演该角色。

这是我要做的事 □

错误 54　过早放弃事业目标

成功孕育成功。埃莉诺·罗斯福说，"通过做你认为自己做不到的事情去获得勇气和信心。"许多女性遇到的问题是，她们往往容易让别人将自己引离早期的梦想和职业目标。玛丽·凯瑟琳·贝特森写过一本富有见地的书，名为《筹划一生》。她的看法是，女性的生活与男性不同，她的生活不是线性的，而是不断变化的。"我们的生活不仅会有新的方向，"她写道，"还会反复重新定向，部分原因是我们的健康和生产力的时限得到了延长。"正是这种重新定向阻碍了我们制定计划，并将其贯彻到底。这样一来，当我们想要回头时，却发现已经没人需要我们了。

当我在 ARCO 工作时，我见过许多受过良好教育的聪慧女人被认为仅适合入门级的职位，因为她们放弃了早期的职业目标。她们错误地认为自己能够从中断的地方重新开始职业生涯。我曾经为一个职位面试过一位女士，她的职业生涯反复了很多次。她曾获得英语专业的大学学历，有意进入报社做一个作家或编辑。在过去的 12 年中，当她随着丈夫的工作变动在全国各地迁徙时，她担任过各种管理职务，但时间都很短。她是一位和蔼的女士，显然也挺聪慧，但是，她也承认自己跟不上最先进的办公技术和设备。再加上曲折的工作经历，凭良心来说她不是我可以放进下一阶段的理想候选人。

如果她至少能跟上最新技术，我会将她与其他候选人放在一起考虑。如果她实现了任何个人目标，不管看上去多么小，我都会认为她更可能持之以恒地追求用人部门的目标。相反，像与她境况类似的许多女性一样，能让她最终得到她想要的职位的最好机会，还是从一个入门级的秘书做起，再一路晋升。

即使环境阻碍你成为一份都市报纸的总编，你也要继续关注你的兴趣和你感兴趣的领域。你可能具备成功所需的条件，但如果你迷失在别人的优先事项或社会期望中，别人评判你的将不是你的潜力，而是你的历史。

指导小贴士

· 当生活遇到挫折时，不要完全放弃你的职业目标，制定一个战略性的人生计划，让你紧跟所在领域的形势发展。跟朋友和家人谈一谈，请他们提供支持，帮助你坚持自己的道路。

- 好好考虑大学学历的重要性，不只是为了成功，还是为了你的自信。即使你的工作用不到，你想不想要它？如果想，就开始下载申请书。
- 当别人试图让你偏离正轨时，以平常心视之，但不要屈服。当任何"体系"变化时，不管是政治体系、生态体系还是家庭体系，往往倾向于通过返回原状以维持平衡。所以，你猜怎么着？人们习惯于把你的需求放在次要位置——如果可以选择，他们还会继续保持这种状态。
- 如果你决定做一段时间的家庭主妇，可以通过参加专业协会或社区大学的课程继续参与到你的领域中。
- 志愿加入你感兴趣的领域的工作，这将允许你接触到返回工作时所需要的技术和设备。

这是我要做的事 ☐

错误 55　忽视人脉网络的重要性

很久很久以前，在那个十分古老的时代，人们会做工作，领薪水，然后回家。他们知道只要做好本职工作，晚上就可以睡得安稳。他们会得到很好的照顾。时至今日，这种情形只存在于童话故事中。曾经有一段时间，IBM因其充分就业政策而声名大噪。即使是在财政困难时期，你也不会被裁掉。你的工时可能会被削减,或者你可能会被调往偏僻地区,但 IBM 创始人汤姆·沃森始终以自己的充分就业政策为荣。可惜好景不再。

许多女性仍然相信那个童话。她们去上班,把工作做好,尽量不惹麻烦,便认为这足以保护她们免遭失业。正如法官朱迪所说:"错了。"你处在一个复杂的人际关系网的中心。

你的任务包括与在同一条船上的每个人建立关系。你没必要在高尔夫球场或者下班后喝啤酒时做这些,但如果你想确保长期的成功,你必须如此。

我不想和你分享一个因未能维持好人际网络而对职业生涯造成负面影响的故事,还是来讲讲一位女士是如何靠这些关系留住了她的工作。阿丽克西斯在一个国际玩具公司担任北美区销售团队的主管。在为公司工作多年之后,她的领导离职了,取代他的是来自公司以外的某个人。阿丽克西斯和新领导在许多问题上无法达成一致,双方的矛盾不可避免地出现了。

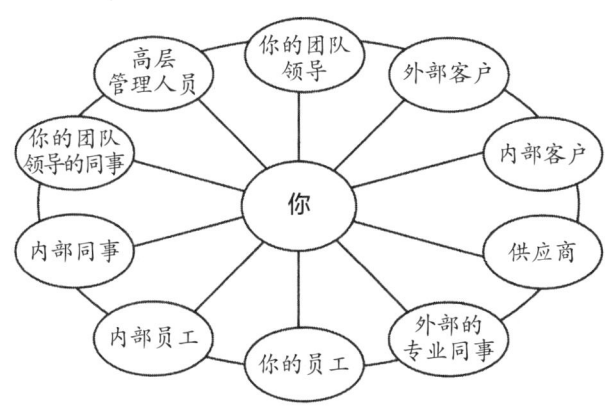

图 4-1　人际关系网

新领导准备解雇她，并要求人力资源部门协助他这样做。他承认她工作干得不错，很努力，也总是能达到销售目标，但他们对他想在业务上做出的一些重大改变意见不一。为了支持他的提案，他建议他们在她的关系网络中发起一次民意调查，询问有关她表现的反馈。他认为，如果他不能和她相处，那么其他人一定也做不到。

不过，结果令他感到意外。事实表明，阿丽克西斯是一个出色的网络经营者。除了公司的客户，她还与供应商、同事和她的属下都建立了牢固的关系。他们向人赞扬她的职业道德、诚信和对客户需求的关怀。阅读他们的评语，你会相信他们会让自己的几个孩子都取她的名字。显然，如果新领导解雇了她，他将失去整个公司的员工和客户群体的支持。相反，受她的关系网的影响，他不得不想办法来与她更有效地进行合作。

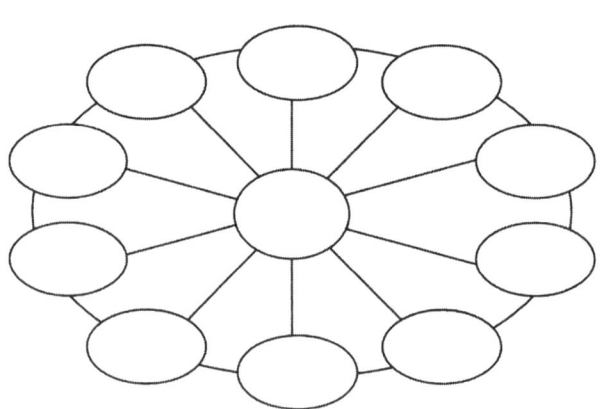

图4-2　人际关系网

阿丽克西斯的故事说明了网络关系的力量。我们大多数人都不会遇到如此戏剧性的局面，但我们都确实需要时不时地通过关系寻求专业帮助。请记住：当你需要这种关系时，已经来不及去建立它了。

第四章 如何正确看待工作

 指导小贴士

- 返回上面空白的网络关系图，在每个类别的圈内写上真正影响到你的工作和职业的人的名字。
- 制定一个如何与其中的每个人建立（或维持）关系的计划。记住，要考虑到每段关系内在的交换条件：你应提供的和作为回报你所需要的。
- 加入并积极参与专业协会的活动。
- 告诉自己，花时间建立关系不是在浪费时间。事实上也并不是。你拥有更多关系，便有更多渠道获得信息和资源。
- 创建一个数据库，记录所有你遇到的人的名字及他们与你分享的信息。

这是我要做的事 □

错误 56　拒绝享受特殊待遇

托妮被提拔到公司的高级管理职位。和许多其他公司一样，这里的制度规定按照员工级别分配办公室。如你所知，那些处于食物链底部的人得到一个靠里的小隔间，再上面一级的人得到一个带窗户的隔间，接着是两倍大小的隔间，再往上是一个带门的临窗大办公室，里面有红木

家具和预先定好颜色的地毯。托妮得到了一个办公室,有一个窗户(和一扇门)以及仿红木家具。当她得知该从她原来的办公室搬过去时,她拒绝了。她认为没必要这么费钱费力。错了!

南希经历过类似的情况。由于升职,她有权得到一间新的办公室,还有家具、电脑,等等。南希期待着搬入她的新房间,就等着一道许可让她马上这样做——但这一直都没发生。有一天,她找到老板询问原因。他告诉她,他最近聘请了一个人,他需要把她期待的办公室留给他。你猜对了:新员工是个男的。南希并没有生起事端,而是继续留在她的隔间,仍对得到提拔心怀感激。更大的错误!

指导小贴士

- 你接受特殊待遇并不是因为你想要它或者认为自己应得,而是因为它决定着他人对你的印象——以及你对自己的看法。
- 当你赢得的一个特殊待遇被"忽略"时,那就让这件事引起管理层的重视。这可能是一次合理的疏忽。但是,他们也有可能只是希望你像大多数女性那样永远别提出来。
- 当你没有得到与你的地位相称的特殊待遇,你也知道这不是疏忽时,就去问一下原因。至少,让别人看着你的眼睛,告诉你为什么你没有得到其他人在你的位置上时所得到的东西。
- 如果你对这种怠慢态度强硬,并愿意承担后果,就将此事报告给高层管理人员请示最终决定。不要发牢骚或指指点点,只是将情况解释清楚,说明你想怎么处理,以及处理的时间范围。你会听到的最糟糕的回应是"不",在这种情况下,便随它去,除非你想在这件事上纠缠不休。

- 得到晋升时，一定要问清楚这次晋升包含了哪些内容。通常情况下，如果你不问，没有人会主动告诉你，或者会晚些时候告诉你。

这是我要做的事 □

错误 57　编造负面故事

当事情不妙时，我母亲是编造负面故事的大师。如果有人对她有点冷淡，她就会这么想，"也许我给他的礼物不够好。"如果我没能得到某一份工作，她会说："也许你没有穿对衣服。"如果我的父亲没得到晋升，他会听到妻子说："也许你得罪了领导。"因此，只要事情未按我的预期发展，我就会以为我哪儿做错了——我知道并不是我一个人会这样。很多女性遭受着同样的困扰，并且出于同样的原因！

在工作中，编造负面故事会不断把你置于事后对自己的懊恼之中，或者，更糟糕的是，在要承担风险时变得犹豫，害怕再有什么会来困扰你。这种焦虑可能会挥之不去。

让我给你举个例子。我以前的一个客户打电话来讨论提供给她的晋升机会。她将从一个普通成员升迁为所在部门的经理。由于她来公司的时间相对较短，能得到这个职位证明上司对她非常赏识。然而，在得到职位的数小时里，她已经编造出了太多负面故事担忧可能出现的问题，以至于害怕会做得不好，犹豫是否要接受任命。

她并不是错在判断出潜在的危险；而是她长期无法克服这种消极的想法，以至于无法找到克服它们的方法。如果她没有能力处理这个职位固有的挑战，一开始她就根本不会得到晋升。她最终还是接受了这个职位，而且（没人感到意外，也许除了她自己）她做得很漂亮。

指导小贴士

- 首先，把那些负面故事换成更加中性的内容。考虑不同的情形，以说明所发生的事与你做错的事情无关。
- 专注于解决问题，而不是问题本身。沉溺于消极之中会令你错过显而易见的解决方案。

这是我要做的事 □

错误 58　强求完美

我们本身就是有缺陷、不完美的生物，女性却因追求完美而矫枉过正。理智上我们知道完美是不可能的，但每当我们感到不安全或不能胜任时，在情感上却都会重蹈覆辙。真是浪费时间和精力！如果我们把花在完善已经不错的产品或关系上的时间用来创造新的事业，我们将变得更好。在本书的其他章节，我谈到了我们是如何让别人浪费我们的时间的。好吧,这里讲的是我们浪费自己时间的一种方式。

朱莉娅就是一个追求完美的人。在她来接受辅导之前,在离开办公室的时候,她会把留在办公室里的每一样东西都反复检查——再检查,简直要把自己逼疯了。她对完美的偏执导致了婚姻的失败,给她带来生理上的问题,并且让和她一起工作的人完全抓狂。没有人愿意让她加入自己的团队,因为众所周知,她喜欢鸡蛋里挑骨头。过于吹毛求疵让她的职业生涯受到严重的限制。她曾无意间告诉别人,对她来说一切都不够好。她让别人觉得他们不够好。谁还愿意与她共事,或是为她工作呢?

在这一点上,男性的情况就要好得多。他们知道什么时候算是足够好,并转到下一件事。你觉得他们是从哪儿找到时间去交际,去和同事吃午饭,以及参加专业协会会议的?他们靠的是意识到回过头纠正一个错误(如果有的话)要比不停检查一个项目以图发现一个错误要更加有效。

指导小贴士

- 有意识地减少每一天的工作时间,或是花费在每件工作上的时间。如果你知道自己只有一个小时的时间来校对报告,那么你会在一小时内完成。如果你让时间表没有限制,追求完美的行为将导致你在不必要的工作上投入更多的时间。
- 征求反馈信息。在把额外的时间投入到可能已经完成的事情上之前,找一个同事问问他或她怎么想。可能那件事已经非常完美了。
- 如果你的行为已经接近偏执或强迫,应考虑寻求专业人士的帮助,以评估药物是否可以帮助舒缓跟随完美主义而产生的焦虑。

- 力争80%的完美。介于80%和100%的差别大多数人都注意不到，但将为你争取更多的时间来做其他更重要的事情。

- 阅读《脆弱的力量》或者《不自信到自信的转变》(*I Thought It Was Just Me (But It Isn't): Making the Journey from "What Will People Think？" to "I Am Enough"*)，作者都是布雷妮·布朗。你可能在环球会议 TED 的演讲上看到过布朗，她鼓励我们接受自身的缺陷，从而更充实地享受生活。两本书都在以一种鼓舞人心的方式讲述着这个主题。

- 经常问自己，我的时间过得有价值吗？如果答案是肯定的，问问自己，为什么呢？如果你的答案拘泥于你的自我认知和人们对你的看法，你可能会为追求完美而感到愧疚。

- 放弃想要被视作完美的念头，满足于以平常心看待。毕竟，你就是你，而非你做了什么才是你。

这是我要做的事 □

错误 59　放弃创业的想法

当我告诉母亲我要辞掉工作自己创业时，她说："想到你失业了我就很难受。"注意，我的两个兄弟都有自己的企业——但是他们并不被认为是失业了。但母亲的评论却说明了为什么现在很多女性即使对现在的工作很不满意，也不愿意自己去创业。如果别人认为我们没有能力去创业，或者没有人鼓励你去冒这个险，我们自己也不太确定自己最终能成功。

我的这个例子中，相比智慧来说，我拥有更多的是勇气，未来到底有多难我真的心里没数，但我的座右铭是："永不言败。"从自己创业到现在已经三十多年了，我现在仍然是老板，并且以此为荣。

我想提一下我非常崇拜的一位女性——玫琳凯·艾施，在她身上能深深地感受到企业家精神。当她开始创业时，很多人认为她想开化妆品公司是天方夜谭。几乎没有人觉得她能跟那些强大的化妆品公司例如露华浓、雅诗兰黛抗衡。那时她的身份是一个单身母亲，对化妆品没什么了解，更别提如何运营公司了。但是她有一个愿望：为女性们创造更多的就业机会，让她们经济独立，并且还可以过上"上帝第一位，家庭第二位，工作第三位"的正常人的生活。

她的愿望最终实现了。1963年，她用全部5000美元家当成立了公司。到2003年，玫琳凯成为世界上规模最大的护肤和美妆直销商之一，在全世界拥有100多万名独立美容顾问，实现年销售收入18亿美元。玫琳凯公司的女性都把玫琳凯作为模范，把自己视为企业家。为了给我的新书《穿着高跟鞋轻松往上爬》(*See Jane Lead: 99 Ways for Women to Take Charge at Work*) 取材，我访问了这些女性创业家，这一过程非常令人振奋。她们成为独立美容顾问后，生活不仅改变了，而且她们继续传承着玫琳凯精神。

事实上，近二十年来，女性创业的比率已经高于男性。根据全美独立企业联合会提供的数据，到2018年，小型企业预计提供的972万个工作机会中，将会有超过一半是女性创造的。如果由于公司政治内乱，你被排挤，或者无法活出你自己的风格，又或者你选择家庭和事业二者兼顾，而用人单位付给你的薪酬明显偏低时，这时你可以考虑自己创业，这样你就可以拥有自己大办公室，自己当老板了。

指导小贴士

- 可以先读读那些成功创业女性的自传，寻求些灵感。推荐先读读阿蕾莉雅·邦德的作品《在她自己的地盘——沃克夫人的人生及她的时代》(*On Her Own Ground: The Life and Times of Madam C. J. Walker*)。沃克夫人开拓了美国黑人护发产品市场，因此成为第一位拥有百万资产的黑人女性。同时她也为美国黑人女性提供了非常珍贵的工作机会。

- 读一读《像企业家一样思考：改变你的职业生涯，掌握你的人生》(*Think Like an Entrepreneur: Transforming Your Career and Taking Charge of Your Life*)，作者是德博拉·A.贝利。她的一些小贴士会从很多方面助你一臂之力。

- 组织一些对当地企业家的访谈活动。听听他们讲述当初的创业历程，遇到的最大挑战，请求他们给一些创业的意见。大部分女性企业家都会很乐意去帮助其他女性开始她们的创业之旅。

- 找到并加入（或者发起）女性创业组织。女性企业家组织的目的就是鼓励、支持女性创业。

这是我要做的事 □

第五章

如何建立个人品牌并营销自己
How You Brand and Market Yourself

　　说到知名品牌，你会想到哪些？大多数人马上会想到比如舒洁、可口可乐、苹果。这些品牌不仅名声在外，而且也成了它们的企业经营的产品的代名词。这一方面的例子不胜枚举。品牌之所以能获得良好的声誉，有两个原因：稳定的品质和营销。这两者缺一不可，少了任何一项都不能使产品在市场上保持成功以及维持影响力。

　　布鲁斯·赫勒博士是加利福尼亚州安西诺市策略领导力解决方案公司的总裁，为职业人士提供培训，帮助他们了解把自己想象为即将上市的品牌的重要性。"你得把职场看成市场，"他说，"在这个市场上，你就是自己的产品。"你在创造自己的品牌时，首先要确定你区别于职场其他人的特点，然后把这种特点作为一个品牌来营销。

　　赫勒博士最爱的一句话是：不为人所见，不为人所想，不为人所要。这一点对女性尤其重要，我们应该牢牢记在心里。当我们还是年轻女孩的时候，我们经常会被人看见，但我们的观点却不被留意。把这种状态带入成年，就转变成安静、谦逊的工作方式。我经常听见女性说，她们不在乎自己是否能得到荣誉，能为公司的关键项目作出贡献就让她们感到很幸福了。这样做的结果就是，别人忽视了我们理应得到的升职，重要的任务也不会派给我们。后面的指导小贴士旨在帮助你定义自己的品牌，承认自己品牌的价值，并为你的品牌制定营销计划。

第五章 如何建立个人品牌并营销自己

错误 60　拙于定义个人品牌

不久以前，我为我们培训团队的一个空缺职位面试了一名女性，她曾获得组织发展方面的博士学位。她的履历让人印象深刻，她似乎拥有我要求的工作经历和教育背景，但是我对她的专业领域还不太肯定。因为我们公司以自己的主题专家而闻名，能够向各个发展领域内的管理人员提供独到的专家意见。因此，面试的时候，我向这位女性提出的第一个问题是："告诉我你最擅长什么？"在接下来的35分钟时间里，她告诉我她做过什么、对什么有兴趣，以及她能够为公司增加价值的诸多方式。问题在于，她没有回答我的提问。尽管我又花了20分钟时间以不同的方式探究并询问这个问题，但还是没有弄明白她不同于其他组织心理学家的独特之处。

彼得·蒙托亚是个人品牌领域的专家，他曾写道："个人品牌就是一种业绩承诺，它能引起受众的期望。如果做得好，它可以清楚地传达一个人的价值观、个性和能力。"这就是我面试的那位女性所缺少的东西。她没有入选，就是因为她不能向我清楚地定义自己的品牌。

还有一次，我正在做一个关于女人和金钱的无线广播秀节目，一名女性打电话进来询问她要如何更好地推广她的日托业务。我问她："告诉我你的日托服务跟你们社区其他业务相比，有哪些独特之处？"沉默之后她回答道："我觉得我说不出来。"如同我对她说的，如果你不能清楚表达你的个人品牌的独到之处，你就无法成功推广它。

指导小贴士

- 列出三到五件在工作中给你带来最大满足感的事情。我们通常擅长做自己喜欢的事情，所以不妨先往你喜欢的事情上考虑。你也许会列出下面这样的答案：乐于助人、倾听、解决问题、谈判、撰写技术报告、管理项目、收集数据、辨别障碍、执行解决方案等。

- 接下来，把这些行为转换成你在工作中的三种关键优势，例如："我善于倾听的能力能帮助我从不愿意合作的信息提供者那里收集到数据；我的写作能力能让我依据那些数据写出客观的报告；接下来，一旦收集到数据并写出报告，我就展示了自己辨别问题并提出解决方案的能力。"练习大声说出这些优势，这样，你就可以在恰当的时候流利并且自信地把它们复述出来。

- 考虑这些行为如何使你区别于他人。例如，在一个主要生产某产品的部门或者公司，善于收集并报告数据也许是一种很突出的能力；或者，在一个以智力资本为产品的企业里，善于建立人际关系也许是很独特的能力。

- 完成这个句子："我是一个 ＿＿＿＿＿＿＿＿＿＿ 的女性。"然后采取必要的行动把这个说法变成现实。

这是我要做的事 ☐

错误 61　失败的电梯谈话

黛布拉在一家大型娱乐公司任职招聘主管。在一次慈善晚宴中，公司预定了座位。她到达后，发现座位被别人占了。她不是个害羞的人，看了看周围，发现有一张桌子有很多空位。她便询问是否可以坐下，坐下后她很自然地跟别人聊起她在哪儿工作，是干什么的。黛布拉是这样介绍自己的：

我在一家国内最大的娱乐公司工作，主管少数民族人员的招聘。我们会制定很多计划来吸引并且留住有能力的少数民族人才。能为公司提供后备力量我感到非常幸运。就在去年，我们公司的少数民族人才增加了22%，但是民族冲突的事件发生率减少了8%。看到不同背景的人们为公司努力付出，取得这么好的成绩，我感到非常欣慰。

在晚宴快要结束的时候，她跟同桌的人聊天并跟他们交换了名片。第二天早晨，她收到一条语音信息，留信息的人正是昨天晚宴上跟她一桌的一个人。他说她对工作的热情给他留下了深刻的印象，并向她发出了一份工作邀请。经过面试之后，她得到了一份非常有诱惑力的工作。之后的事情就不再赘述了。

与这个例子相反，我在培训女性领导力的课上做了一个练习，我要求学员介绍她们自己。不出意料，第一位学员就只介绍了她的名字，她的工作，她工作了多久。如果有人不仅介绍了她的头衔，而且讲述了她们对公司的影响力，以及如何影响公司的利润，这是非常难得的事情。

当有人要求你做自我介绍的时候，你会怎么说呢？你是会像黛布拉一样，还是像我见过的大多数人一样来一段不冷不热的自我介绍？你的自我介绍是否能让人难忘，还是像我们平时听到的那些一样很快被人遗忘？

想要推销你自己，首先从"电梯谈话"入手。谈话内容必须是真实的，而且要着重强调你的能力，你如何与众不同。很多女性跟我说，这样做的话看起来是在炫耀。上个例子中，黛布拉听起来是在炫耀吗？还是她在表达她对工作的热爱？如果你说的是事实，那就没有炫耀可言，大胆说出你的头衔，讲一些值得你骄傲的事情。

指导小贴士

- 准备一段自我介绍，不要太长，大概跟乘电梯的时间差不多，主要是为了让别人知道你是谁，你热爱的事情，以及你是怎么影响公司的利润的。如果你是行政助理或者副总裁，这个介绍也同样有用，因为这样的介绍是把你自己包装成别人想要的人。如果你自己都不相信自己的能力，为什么其他人要相信？

- 反复练习你的演讲直到能出口成章。这会花费一些时间，尤其是你还没有习惯展示自己的优点。找朋友来出出主意，假设他们不认识你，听完你的演讲他们觉得怎么样？根据需要和不同的场景，不断修改调整。

- 来点激情吧。其实不仅仅是你说的内容会让人印象深刻，你的表达方式更能让人刮目相看。请给你的自我介绍加点活力和热情吧。

这是我要做的事 ☐

错误 62　对自己的工作或职位轻描淡写

这其实就是一个不冷不热的电梯谈话。但发生的频次更多。不知道有好多次，当有人问某个女性"你是做什么的"的时候，她们的回答都过于自谦："咳，我不过管理一个法律办公室而已。""我只是一名行政助理。""我就算是管理信息技术小组的吧。"听起来，这样的说明无法让我产生兴趣进一步了解你的个人品牌，相反，它们传达了一种尴尬的感觉，似乎你对自己所做的工作缺乏自豪感。组织里的每项工作对机构的正常运转都很重要，你也许不是雀巢的总裁，但是如果你的工作不是公司运转所必需的，你就没有这份工作。想明白你的企业为什么需要你，这对精确推销你的品牌至关重要。

可能这一现象让我最困扰的原因是，在大多数情况下，女性自毁品牌，只是因为她们相信了别人对她们本人以及她们的职位的看法。如果某次聚会你偷听到配偶说你没有职业，而实际上你做了临时工作来增加家庭收入；或者，如果你的父亲大声而又骄傲地跟人家说你的兄弟是律师，而你的职业则相对"谦虚"，你可能会有点难以启齿，好像你就是个二等公民。

有个笑话证明了这一点。某女当选为美国总统，她问母亲想穿什么去参加自己的就职典礼。她母亲表示自己不应该去，因为没好衣服穿。甜言蜜语哄了老半天，这位女性带着母亲去了现场。正当她要宣誓就职的时候，她听见美利坚合众国的首席法官欠着身子低声对她母亲说，"您一定因为女儿而自豪。"对此她母亲回答说，"嗯，不过她的哥哥是医生。"

就如苏格兰散文家托马斯·卡莱尔所说,"所有的劳动,甚至棉花纺织,都是高尚的,劳动最高尚。"不管你是做什么的,都要因你的工作自豪,而且要以能让其他人看到你的自豪的方式来描述它,以此来打造你的个人品牌。

指导小贴士

- 不要让别人对你做的工作进行评价,只有你可以这么做。
- 描述你的工作的时候,把贬低的词去掉。
- 不管是靠扫地还是靠抽奖过活,踏踏实实地做,说出来的时候要带着自豪。

这是我要做的事 ☐

错误 63 低估你的顾问技能

如果你曾经帮助你的同事解决了非常棘手的问题,那么你可以称作是顾问了。如果你说服了老板采用了更好的策略,那么你也称得上是顾问。如果你给朋友出谋划策,解决了他马上就被炒鱿鱼这一严重的问题,那么你真的就是顾问了。女性经常忽视那些有助于建立关系的途径,而这些关系的建立会使你成为一位值得信赖的顾问,这一点非常珍贵，但我们只是认为自己不过是个有耐心的倾听者罢了。"值得信赖的顾问"这个词我是从一本同名的书借用来的，作者是大卫·梅斯特。在这本书中，梅斯特介绍了通过倾听和理解建立信心和信任的方法。虽然这本书的主要读者是那些顾问，但是如果你想培养这方面的能力，那么这本书也同样适用。

其实倾听和帮助别人本来就是我们生活的一部分，只是我们不敢去相信这种特质是非常珍贵的，甚至可以当作商品用来交易。乖乖女们只是习惯性地为别人出谋划策，并没有太深入的去思考，可对于精明的女性来说，这就是她们的卖点。

 **指导小贴士**

- 读一读大卫·梅斯特的《值得信赖的顾问》(*The Trusted Advisor*)，相信你会对沟通交流的过程有更深的感触，这本书中描述的事情都是我们每天所经历的。
- 把自己当作"内部顾问"。无论你的职位、经历和专业程度如何，加上一点良好的人际关系，你都会慢慢干起来。当你塑造自己的品牌和营销自己时，不要忘了用这个称呼来描述自己。
- 如果你的建议没有被认可或者实施，千万别沮丧。从顾问的角度来说，确实希望能够改善情况，但是还是把最后的决定留给"客户"吧。这样以后你们更有可能继续交流。

这是我要做的事 □

错误 64　自我介绍时使用昵称或者小名

最近一次你听到人们用昵称来称呼某个男性高管是在什么时候？比利·盖茨（比尔·盖茨的昵称），唐尼·特朗普（唐纳德·特朗普的昵称），没有人这么叫吧。使用非正式名称会削弱所述事物的重要性。使用昵称和爱称是对孩子们表达爱的一种方式。对于成年人而言，使用昵称的目的也是这样——但是大部分人到十几岁的时候就不再使用昵称了。

还有一个令我非常惊讶的情形，当某位女性用正式名字介绍自己时，全名立马就被别人简化了。我的一位学员名叫特里萨，她告诉我她刚自我介绍没过多久，她的名字就简化成了特里。她说："我还没听说过谁把吉姆叫成吉米。"

还有类似的例子，当我听到一位女士接电话时只留下她的名时，或者录制的语音信箱留言是："我是莎拉，请留言……"我会纳闷为什么她们把姓氏抛在一边。研讨会上一位女性告诉我她之所以这样做是因为她的姓氏太长了，为了能简单点，干脆就不用了。可为什么要简单点呢？我们难道所说的不就是两秒和三秒的差别吗？但这可是你的名字啊。

做行政工作的人，简化名字这一现象非常普遍——但却是完全没必要的。很少听到一位男性接电话时只告知他的名字。这不起眼的细节蕴含的意义却大为不同。只用名字的话会降低你的身份，仿佛又回到了童年。随便问一个小孩叫什么，通常你得到的回答就只有一个名。如果你使用正式的名字，会让你显得更加成熟。

 **指导小贴士**

- 即使你们之前一直在用凯西、黛比、玛吉或者桑迪这些名字,赶紧开始用你的正式名字介绍自己吧。慢慢的,别人就会接受了。把你们的名片、名牌、正式的抬头改成凯思琳、黛布拉、玛格利特、桑德拉。在正式场合不再用你的童年昵称,你会更加受重视。
- 无论是你用语音信箱留言,或者你的邮件地址,或者自我介绍,或者接听电话,一定要用你的正式名字。
- 如果别人用非正式的名字称呼你,只需要跟对方再说一遍你想让大家称呼的名字即可。

这是我要做的事 ☐

错误 65 等待别人的垂青

在最近的公司裁员中,杰奎琳迫切希望能留下来,要么仍旧待在目前的职位上,要么换一个职位也行。她知道,在那道紧闭的门后面,头头脑脑们正在决定谁去谁留。当她紧张地等着别人决定她的命运时,我给她提出建议,如果她直接去找老板或者人力资源部代表,跟他们提出自己留下来的充分理由,她也不会损失什么。但是,我的建议在她听来十分可怕,就好像我让她光着身子从老板的办公室前跑过去似的。她不仅不知道该说什么,而且连想都不敢想自己怎样走进去把这些话说出来。

由于公司朝小型化和扁平化组织的方向发展,职员有必要积极地吸引别人注意自己。如果你这样做了,裁员到来时,要保住自己的工作就很简单,你只需提出充分的理由,证明你独特的个人品牌对重组后的公司十分宝贵即可。

至于扁平化组织,由于缺乏提升机会,那些能让你受到注意或者能给你提供专门培训机会的任务和项目就显得更加重要。获得这些任务的人,通常微妙地(但有时候并不那么微妙)吸引别人注意他们在工作中表现出的优势。等待垂青不会使你如愿以偿,当机会到来的时候,你得了解自己的品牌并且把它营销出去。女性,尤其是那些不太善于"营销"自己的女性,常常被忽视,这并不是因为她们缺乏能力,而是因为她们太谦虚,或者因为她们错误地以为自己的成就最终会得到赏识。

 **指导小贴士**

- 如果有一个你想要的空缺或者任务,要求领导考虑自己。
- 当你准备调换工作时,就大声地和别人讨论这件事吧!让人们知道你已经为下一次挑战做好准备。和你讨论的人越多,你就越有可能知道机会在哪里出现。
- 以微妙的方式持续展示你的成就。我建议你写一个备忘,每周或者每两周记录一次你或者你所在部门的成就;另一个建议是与别人分享你的成就,例如,你可以在会议上,跟同事谈论自己怎样解决了某个特定问题,或者克服了一个影响你按时完成任务的障碍。
- 制订一个自我营销计划,想象你的未来,并且把你实现未来目标的具体步骤写下来。
- 花时间参加学习,恳求别人给你反馈,或者参加培训,做点你不太擅长的事。这会让你做好准备,随时迎接突然到来的挑战或机遇。
- 找一个比你职位高的人,通过让他提起你的名字来支持你。

这是我要做的事 ☐

错误66 拒绝引人注目的任务

这本书的诞生跟我原来一位客户桑德拉有关,在我们即将开始训练课程前,她跟我讨论了一件事。桑德拉在一家总部位于洛杉矶的制造公司的东海岸子公司担任营运总监,她一直都在抱怨自己在扭转亏损方面的成就没有得到认可。后来,总公司要求她加入公司的理事会,这一邀请不仅突出地认可了她对子公司的价值,而且也认可了她对整个公司的贡献。但是她做了什么?她拒绝了这个邀请,因为她以前参加过几次他们的会议,认为那纯粹是"浪费时间"。

听说这件事后,我脱口而出的第一句话就是:"别再当个小女孩了!"她丝毫没有从更广阔的发展蓝图来考虑自己的行事方式,而是仍然与小时候学到的价值观保持一致——努力工作,不浪费公司的金钱和时间。就在那一刻，我在职业生涯中所闻所见的所有女性同胞犯的错误，那些因为社会文明的洗礼所促成的错误，在我脑海中瞬间爆发了。多少年以来我都在跟男男女女用他们父母影响其职业的方式交谈，但是我忽略了一点：男孩和女孩接收的信息本就不同。跟桑德拉会面结束后，在回洛杉矶的路上，我心中已经有了一本书的大纲，当时我起的书名叫"不要再做小女孩"，后来改成了《职场女性：别让这些细节绊住你》。

通过备受瞩目的任务来展示自己的能力，这方面能做的事情很多。公司要求你帮助组织一次重要会议，为关键的客户作展示，或者在你的高级管理层面前演讲，这些引人注目的任务都是你不能拒绝的。

我明白，我们都忙；我也明白，很多会议东拉西扯，浪费时间；我更明白，凡是引人注目的任务，没有一个不需要大量的工作，而且还有办砸了的危险。但是，那又怎样？就利用这些机会来展示你特有的能力，并且与那些被视为权威人士的人建立关系吧！记住，90%的成功仅仅来自你在那儿。

指导小贴士

- 当你受邀坐到桌前的时候，大大方方地接受邀请。就算你没有时间，也要挤出时间。这是你对未来的投资。
- 如果提供给你一个你不熟悉的职位或者任务，接受就好了。既然别人对你有足够的信心，认为你能胜任，你也应该相信自己。
- 要求参加具有潜在风险但引人注目的项目。不入虎穴，焉得虎子。
- 主动向高级管理层陈述自己的观点。这样做的好处完全超过了风险，而且这会让你逐渐能轻松自如地面对领导。在高级管理人员跟前露面对你获得认可十分关键。

- 记住，在职场上，高级主管就是你的顾客。因此，你需要识别他们的需求，为他们服务。

这是我要做的事 ☐

错误 67 不敢坐在重要人物身边

我有一个非常好的朋友黛安娜，她是一家大型金融机构分公司的主管。有一天晚上她来我家吃饭，我问她每年和高级管理层的外出年会情况如何。当她提到她部门的副总裁有一天邀请她坐在他旁边时，我的耳朵竖了起来，但是她接着说道，她没去那个座位，因为她想让平时不跟他经常接触的人坐在那儿增进感情。我还没来得及数落她当什么大好人，她又说到她的一位同事（一位跟她有同样机会接触副总裁的人）坐在了那儿。就连黛安娜的丈夫听到这些都张大了嘴巴。

尽管这样显得很友善，但是有机会坐在很重要的公司元老旁边而不去争取真是个天大的错误。这样不仅你丧失了获得老板信任的机会，也让自己丢掉了受到老板关注的机会。不管是例会还是特殊活动，你应该争取跟公司的总裁们一对一交谈的机会，而不是放弃。

还有一种情形也总会令我惊讶，那就是一位女性走进大的会场，或者是进入她知道将会有很多人的小会议室的做法。她环顾四周，发现挨着桌子的椅子都空着，而其他人都坐在屋子的靠外面一圈。这个乖乖女一定也会坐在外侧,把这些椅子留给更"重要的"人物。

这不是感恩节,你也不再是六岁的小孩子被分配在儿童那一桌。如果你想要别人听听你的意见,或者被当作"大人"来看,那么你就坐在该坐的位置上吧。

指导小贴士

- 当你被邀请坐在哪儿,就坐在哪儿!
- 如果椅子不够用,那么就去找一个大家挤一挤。
- 当有很多空位时,坐在最有影响力的人旁边。他们的影响力将会感染你。

这是我要做的事 □

错误 68 过于谦虚

无论男女,在少年时接受的教育都是要谦虚,女性常常有点过分奉行这一信条。谦虚要分时机与场合,如果你移动了一座大山,突破了坚固的堡垒,或者创造了一个奇迹,那么你就不应该一味谦虚。如果人们未能注意到你的重要成就,展示这些成就就是你的工作;对艰巨的任务轻描淡写、一带而过,这可不是什么好的营销策略。

海伦娜就是这种过分谦虚的女性。作为发展部主任，她和她的团队要负责管理评估，为高级管理层的每一名成员设计个性化的发展计划，并且提供主管培训。当她的公司与另一家公司合并之后，她的工作量几乎多了一倍，但是她的团队规模却没有变化。不过，她却仍然找到了富有创造性的方法，利用现有的人手完成了任务。

在她的年度业绩评审中，海伦娜的老板夸奖她所做的额外工作，并且给了她一份丰厚的奖金。她很高兴老板认可自己的工作，谦虚地回答道："这真的算不了什么。"本来，她参加会议是想提出增加人员的要求，但是，当老板夸奖她并且给她奖金时，她却失掉了这个大好时机，未能将老板的认可增值为一次自我营销的机会。由于她的谦虚，她不得不想出另一个要求增加人手的策略，因为她已经说了，要完成这些工作"真的算不了什么"。

谦虚的另外一个表现体现在我们展示自己的学位、受到的嘉奖或者跟政要合影的方式上。有一次我在一位客户的办公室，她出去接电话。她出去之后，我环顾四周，看到她的书柜上有很多个人纪念品和照片。然后，我注意到一张她跟希拉里·克林顿在某次妇女问题大会上的合影——藏在其他物品的后边！她回来之后，我指着这张照片问她，为什么把这么特别的照片放到那么不起眼的位置？你猜她怎么回答？你猜对了。她不希望别人认为她好像很自满的样子。

我很高兴地告诉大家，这位客户在15年后成为她所在公司某个部门的副总裁，而且后来我参观过的她的每一间办公室都醒目地挂着这张照片。难道这就是她取得成功的原因？当然不是。但是不再遮掩自己的成就，而是展示给别人看，的确让她在营销自己的品牌方面做出了巨大的改观。

指导小贴士

- 彻底、全面并永久地从你的字典里删掉这句话:"哦——这算不了什么。"
- 报告自己的工作成果时,要指出它们的重要意义。上面那个例子里的海伦娜应该这么说:"团队里的每一个成员都投入了大量时间,甚至包括周末,不过我为我们所做的事情感到自豪,而且也很高兴你能欣赏我们的工作。"
- 如果你受到夸奖,那就直视对方的眼睛,简单回答一句"谢谢",要避免贬低你的努力。
- 向你的现任经理递交那些别人对你的工作表示欣赏和赞赏的记录。
- 突出地陈列奖品或者奖章,或者其他代表你成就的物品。
- 准备一个给自己"贴标签"的文件夹——其中收集你引以为豪的成就:感谢信、突出的业绩评审以及诸如此类的东西,在你对自己感到怀疑时就翻翻这个文件夹。

这是我要做的事 ☐

错误69 滥用社交媒体

最近,一家知名机构给我打来电话,就一位曾为我工作的女士向我征求看法作为参考。她是一位不平凡的雇员，我很高兴给她一个好的评价。在问过我一些有关这位我高度推荐的女士的问题之后，电话那边继续问道："她是否会做任何令我们组织难堪的事？"这个问题让我非常惊讶。结果是，人家在谷歌上搜索过她，找到了多年以前她还是二十来岁时的空间主页，在那儿这家机构看到了她戴鼻环、喝啤酒以及参加不适宜派对的照片。

我们都做过一些不想让招聘方知道的事情。我只是感到庆幸，在我职业生涯早期的时候还没有出现社交网站！即使是现在，我还得想办法不让朋友和家人转发我脸书主页上那些我觉得不够职业的照片和评论。我希望你去做同样的事。在社交网站上不该出现任何可能玷污你的声望，或者导致他人质疑你的价值观、行为或名誉的内容。一旦发布，便覆水难收。

在此我还列出了其他一些应该避免的错误，来自品牌专家赖恩·兰卡托尔的慷慨提供：

1. **资料不完整**。这意味着两种可能：

a）你的背景太过苍白，以至于无法完成一份简单的介绍。

b）你很懒。

2. **好几个名字**。脸书、推特和领英都是构成你整个人脉关系的微型网络。这些网站上不同的消息、名字和图片与你之间的联系是否混乱不堪？最强大的公司品牌告诉我们，保持一致的形象是建立一个好记的、辨识性强的品牌的关键。你也应该追求相同的一致性。

3. **不发布你的个人资料的链接**。为什么这很重要？可连接到你的网络的接触点要越多越好。在社交网站上看到你一再出现有助于建立一个令人难忘的品牌。

4. **过于机械**。绝对不要以这样的信息在领英上发出请求："我想把你加入我在领英的职业关系网。"兰卡托尔说,当他收到带有如此信息的请求时,他会理解为:"我想把你加入我的职业关系网,但我不屑于花十秒钟在消息中加上你的名字或者发一封私信。"

5. 视野狭窄。你发布的消息是不是都是在向别人秀自己?有一条可靠的经验法则是,你所分享的内容中,90%应该是由个人的见解和想法以及大量对他人有用的链接组成,另外10%则可以适当秀秀自己。

 指导小贴士

下面这些秘诀来自于普纳姆·萨加尔,他是印度尼西亚PT信息技术解决方案公司(infotech.co.id)的一位数字媒体顾问兼教练。教你如何更好地利用社交网络。

- 保持友好。它被叫作社交网络,而不是自恋网络(尽管一些人确实把两者弄混了)。你的社交媒体站点代表了你的个人品牌,同时,正如我之前提到的,人们更愿意与那些讨人喜欢、善解人意的品牌交往。如果你用你的站点来表达消极情绪,或是诽谤其他人或产品,你的品牌将马上丧失魅力。

- 慷慨,乐于助人。分享有价值的信息,发布你觉得好友中有人会感兴趣的文章或博客的链接。其他人会将你视为一种资源来访问——这绝对是你想要的自己的品牌能附带的东西。

- 考虑建立你自己的网站。新技术已让设立一个网站并在数小时内运行起来变得廉价而且简单(取决于你在这方面的技术水平)。

- 在网上发布引人注目的有质量的内容。你决定在网上分享的有关你自己的任何内容都应当是搜索引擎容易链接跳转的。如果你正在写精彩绝伦的博客文章,或者是分享世界上最诙谐的状态更

新，如果没人能找到它，就一点好处都没有。
- 明智选择你的好友，管理你在社交媒体平台上的隐私设置。只发布和接收来自你认识的、想认识的，或者能给你的网络添加价值的人的链接请求。

这是我要做的事 □

错误 70　不能有效利用社交媒体

不适当地使用社交媒体（以可能损害你的品牌的方式）是一回事，无效使用它（以对你的品牌无益的方式）又是另一回事。社交网络的威力今天已是尽人皆知，利用得好，会让你的个人品牌更为人知。

不使用社交媒体风险很大。现在，问问你自己是否会尽可能有效地利用社交媒体来帮助你营造或维护个人品牌。作为一个女人，我们已经知道你比男同事要进行更多的社交活动，但我们也知道藏在你体内的那个乖乖女很可能无法对它们加以利用。作为一个康复中的乖乖女，我自己也很不情愿去请求那些对我来说很有价值的推荐和介绍。你妈妈一直是怎么告诉你的？"只照我说的做，别学我怎么做！"

数字媒体顾问兼教练普纳姆·萨加尔提供了更多关于你的在线品牌应该思考的问题，以及付诸实践的建议：

你是谁？你有什么专业知识？你想要完成什么从而为人所知？你想

让同事、其他从业者和潜在雇主如何知道并认出你？你放在社交媒体资料中的信息和你所发布的内容共同丰富了你的在线品牌。在谷歌上搜索你自己，观察从搜索结果中总结出了一个怎样的人——是否与你在网上想要的结果一致？

有效经营在线社交网络的三个基本要素是：

熟悉度：你要加入到什么当中去？在了解自己将如何使用它之前，不要注册任何社交网络平台或网络应用。

一致性：在多个社交网络平台展现相同的声音、画面和人格是非常重要的。用明了的简历和职业化的照片完善你想要使用的社交平台上的个人资料。设计个性化的品牌口号。

参与度：社交网络是一种"礼物"经济。更有效率地参与到他人的网络，会让你自己的资料变得更加出众。

指导小贴士

- 在你创建自己的账号前，在线研究社交网络平台，了解他们如何使用你的数据，并研究支配社区运行方式的惯例。
- 为你的社交媒体谈话设定一个有效的时间表。例如，每隔一天有15分钟。记住，它没必要占用大量的时间。
- 使用隐私设置控制你的在线个人信息。只发布那些你愿意让每个人都看到的信息和照片。删除朋友可能在网上发布的有关你的不受欢迎的照片的标签。在网上只添加那些你想与之交流的人。
- 认识并欣赏你的好友。分享他们的帖子，在领英和推特上给他们点赞，或者推荐他们。最后，记得要感谢他们。

这是我要做的事 □

错误 71　不愿跨出舒适区

我曾经问过一个男性，为什么明明知道自己不具备某个职位所要求的技能，却仍然要提出申请。他的回答很简单："我很聪明，我能学会这些技能。"女性倾向于很长时间维持现状，因为害怕不能胜任要求更高的工作。除非有十足的把握，否则女性是不会考虑主动请缨的。相比而言，男性则比女性更有可能寻求那些他们以前没有做过的任务，他们往往想证明自己有能力完成这些任务。

以前我们常常对那些经常跳槽的人不屑一顾，现在，在同一个职位上待得太久倒让人感觉好像不太对劲儿。这会给人留下自我满足的印象，而且可能还会让人觉得你跟不上业内最新的技术发展。如果女性感觉自己无法胜任一个任务，她们往往会拒绝机会。这真是大错而特错！拒不接受发展的机会，肯定会使你失去未来发展的更多机会，而且再没有比赢得一次好机会的任务更重要的了。

具有讽刺意味的是，那些在自己的安全地带待得太久的人，甚至彼此之间也没有吸引力或者好印象。大多数人都认为那些热情、敢于冒险并且很有闯劲的人充满魅力，或者认为他们值得自己效仿。

指导小贴士

- 除非某一特定岗位上的职责发生了很大变化，否则就应该每三年——最多五年——换一份新工作。
- 别因为害怕失败就避开那些你稍经培训便可胜任的工作。
- 通过参加进修班或者阅读相关书籍来跟上你那个领域的发展，如果最近你还没有学过什么新东西，那就说明你没有进步。
- 自愿接受那些可以拓展能力或者学到全新技能的任务。如果你愿意担负可能失败的风险，边工作边学习不是自私的表现。
- 从你开始新工作的那天起，就开始寻找下一份工作。事实上你也许几年内都不会变动工作，但如果随时对潜在的机会敞开大门，就可以在职场上创造出先发制人的主动态度。

这是我要做的事 ☐

错误 72　把自己的创意随便告诉别人

这种故事太常见了。女性有了自己的想法，就把它说了出来，却受到忽视。男性表达同样的点子，却因此受到提拔。这又能怪谁呢，只能怪女性自己。她让别人偷走了自己的点子，而不是让人们注意这一点子的真正来源。为什么？因为首先她对自己没有信心，而且不想表现得所谓自私、狭隘、保守、具有对抗性或者缺乏团队合作精神,等等。每次你放弃一个观点,你也就放弃了一点自尊。这样做的次数达到一定程度之后,你就开始无限制地丧失了自信心。

不要错误地认为因为你是女性才导致你的观点受到忽视。我曾经在会议上观察到,女性的观点被忽视只是出于一些最简单的原因:也许是因为提出观点时声音不够洪亮,别人没有听清楚;也许是因为小声地对旁边的男性说出观点,后者却把它当作自己的观点提了出来;也许是因为提出观点的时机不对。这些因素你都可以非常轻松、毫不唐突地解决掉。

只是不放弃自己的观点还不够,你还应当找到出售点子的方法。你的观点在那个叫作"工作"的市场上是有价值的,每次你提出一个具有可行性的建议,你就算做了一桩买卖。做了足够多这样的买卖之后,你就会积累更多无形的筹码,以后可以微妙地换取人情、美差或者特权。

指导小贴士

- 养成表达观点后提问的习惯。可以试着这么说:"我的建议是,我们把我们的解决方案按优先顺序排列,选择最重要的两个立即实施。有人反对马上开始这项工作吗?"这就增加了获得承认和讨论的潜在机会。
- 如果别人提出你以前提到过的建议(虽然提议的方法略有不同),为了唤起人们注意这个事实,你可以这么说:"听起来你的观点是在我原来的建议基础上发展起来的,我当然会支持。"
- 大声提出建议,让别人都能听见。
- 冒个险,直接、自信地把你的想法公开说出来。

- 只要有可能或条件适合，就把你的观点记下来。这样做可以赋予它们一种口头语言所缺乏的可靠性，并且会让人们想起观点的来源。文字仍然是最有效的交流形式之一，如果某些人能够"看见"你说的是什么，他们会作出对你更有利的反应。

- 不管什么情况，都不要歪着身子跟坐在旁边的人嘀嘀咕咕说出你的想法。

这是我要做的事 ☐

错误 73　固守传统的女性职位或部门

三十多年来，我一直观察着传统职位上的女性——行政助理、人事部门职员、文员——她们上夜校，获得大学学位，希望能在公司获得更高的职位。我也看到有学位的女性进入职场，扮演的是传统意义上的女性角色，这是一种策略，她们希望能获得关注和晋升。不幸的是，在这两种情况下，我都没见过成功的人。在这些传统的女性职位上花时间，只会让你更有可能被贴上不配获得高级职位的标签。我认为这是对的吗？当然不是。

看看你供职的公司，是不是有这样的部门？人力资源部和人事部通常属于这一类。事实上，由于做护士和小学教师的女性多于男性，导致这些领域的工资一直以来都低于其工作应得的报酬。

你是否也处于这样的环境中呢？如果是，那么别人就会认为，你的地位逊于那些在男女职员平分秋色的部门中工作的人。这种差异的典型例子就是银行业。当银行出纳员主要为男性时，它被视为比较受尊敬的职位。随着越来越多的女性进入这一行，出纳员的工资水平下降，其地位也失去了光彩。在这样的职位或者部门待得太久，最终就会限制你的"适销性"。

指导小贴士

- 在男女职员数量相当的部门或者领域找工作。
- 如果要求你接受传统职位，考虑长期利益与短期利益孰重孰轻。
- 永远都不要主动为会议准备咖啡或者复印资料。如果要求你去，就提议让大家轮流承担这个职责，或者按照资历来安排。
- 如果离开一个传统职位需要额外的培训或者教育，那就去做好了。这是你对未来的投资，值得一试。
- 如果你获得了离开传统职位所需的培训，但是却没什么作用，考虑你是否被"类型化"了，也许你需要寻找新的公司。

这是我要做的事 □

错误 74　对反馈意见不够重视

坊间尽是关于我们的各种传言。它是我们不在场时，别人在背后对我们的种种议论；它还是讨论提拔会议桌上讨论的内容。一帮高管围坐在会议室，讨论你给他们留下的印象。打造个人品牌可以让你影响这些印象。如果没有反馈意见，你就不可能打造自己的品牌，也不能有效地营销自己。反馈意见有点像药物，你不想吃，但是你知道它能让你好受。

正因如此，有的人要么就是忽略反馈意见（希望这些意见消失得无影无踪），要么就是把它们搁到一边："这也就是一个人的意见而已。"感觉即是现实。人们不会通过你的意图了解你，而是通过你的行为了解你。你可以解释或者为自己的行为辩护，但是这不会解决你的品牌不能满足客户期望的问题。迟早有一天，人们不会再买你的账。就像我们跟客户常说的："如果有三个人说你喝醉了——那就躺下歇着吧。"

 **指导小贴士**

- 要求人力资源部实施360度的全方位反馈评估，这能使你从别人的视角审视自己，并让你有机会改进不足之处。如果这个要求不能实现，那就养成习惯定期询问其他人，你的工作中有哪些方面需要加强，需要调整，或者需要更加高效。

- 定期向老板征询反馈意见，久而久之就会很轻松了。再提醒一下，不要笼统地问："我做得怎么样？"而应该更详细地问一下你有哪些方面需要加强，需要调整，或者需要更加高效。

- 得到反馈的时候，不要摆出一副自卫的姿态，不妨以一句冷静的询问作为回应："你能详细告诉我，怎样做会更好吗？"不要解释自己怎样以及为何那样做。

- 如果反馈比较尖锐，那就应该留出时间来好好思索一番。如果你需要澄清，就在你不会感情用事的时候，请求提出反馈的人做进一步说明。

- 碍于情面，大多数人都不愿意给出诚实的反馈，因此如果你得到诚实的反馈，要把这当作一份珍贵的礼物。
- 征求反馈意见，意味着你将因此采取行动。让人们知道你正在作出改进，这会吸引他们注意你的变化。

这是我要做的事 □

错误 75　不愿引人注目

成功消灭本·拉登是一名女性的功劳，你知道吗？勇敢的海军海豹突击队执行了任务，但如果不是一位勇于奉献的女性中情局分析员，这一切根本就不会发生。显然，出于安全考虑，她不能暴露姓名。但对我而言最有意思的是，有多少人甚至根本都不知道她的存在。海豹突击队与她形成了鲜明对比，海豹突击队冲出了适当的边界，还写了一本关于抓捕行动的书。

我曾经组织了一次领导力课程（受众包括男性和女性）。上课时，来自同一家公司的参与者，分小组解决他们公司面对的一个现实问题。我运用一种特定的问题解决模式，要求他们提出解决方案，其中包括寻找问题、找到原因、提出建议。我还要求他们在高级管理层面前作报告。课程的最后一天，公司的高级管理人员被邀请过来听学员们的报告，并且评估所提建议的可行性。好多次，最后的结果都很圆满，学员们提出的解决方案直接融入了公司的商业计划。

上课时，女性无一例外成为这项练习里的工蜂。她们为报告准备投影机和幻灯片；她们确保领导能倾听和考虑每个人的意见；她们努力让大家能够聚精会神地进行训练。但是，当决定谁来向高层报告的时候，就完全是另外一回事儿了。我组织这样的练习将近20年的时间，但是却不记得有哪一名女性来向高层报告。相反，她们建议让口才最好的男性来主持报告。

女性已经够低调的了！把握营销自己品牌的每个绝佳机会，别把机会拱手让给你的竞争者，即便这是友好的竞争。

指导小贴士

- 自愿主持常规的部门会议。
- 在专业协会会议上，毛遂自荐就你所在领域的专门技术知识作报告。
- 为地方报纸、专业杂志或者公司内部刊物写文章。
- 如果需要征集在高级管理层面前作报告的人选，那就抓住机会主动请缨。
- 在会议上，要确保自己引人注目。说出你的观点是营销自己品牌的好办法。

这是我要做的事 □

错误 76　忽略重塑自己的机会

当你进修并取得学位或文凭归来后，人们还是将你作为一名行政助理来对待，你会怎么办？或者你得到反馈说，你的表现没有你想象的那么好，你已经通过学习做了调整，却发现没有人注意，如何是好？抑或当你从一个快要过时的工作岗位上退下来的时候，会发生什么？帕梅拉·米切尔，再造研究院的创始人，以及《再造职业生涯的十大法则》的作者，将告诉你这是时候再造你自己了。

这儿有一份来自帕梅拉的小测验，来帮助你确定是否在未来应该重新塑造自己。

1. 在星期天晚上我觉得：
   a) 兴奋——这是周末的最后时刻，我对明天能回去工作感到非常兴奋。
   b) 紧张——这是周末的最后时刻，该死的！
   c) 焦虑——这是周末的最后时刻，我还不想明天就工作。
   d) 放松——这是周末的最后时刻，我很享受它！

2. 上班时我觉得：
   a) 兴奋——我有许多出色的项目和/或一个出色的团队，我很享受工作。
   b) 无聊——我在重复做一件已经做了很久的事。

c）厌倦——我不喜欢和我共事的那些人，我觉得事情不会有什么转机。

d）有挑战——我总是在学习新事物，并能从工作中得到乐趣。

3. 我与老板的关系：

a）支持——她（他）会为我争取工作中所需要的资源。

b）疏远——我与她（他）之间很少有面对面的时候，她（他）不怎么找我说事情。

c）敌对——我与她（他）相处得不好，我们交流时会有不少冲突。

d）栽培——她（他）花很多时间帮我提升技能和天赋。

4. 公司里的高级团队认为我：

a）不可或缺——公司业绩中我贡献良多，他们深知这一点。

b）无存在感——他们完全不曾发现过我。

c）意见来源——有些时候我不认同眼前的局面，并表达了自己的感受。

d）称职能干——老板告诉他们我工作干得很好。

现在对你的答案进行评估。

大多选 a）：你喜欢自己的工作，并且干劲十足！目前还不是换工作的时候；相反，应该做好年度性的重塑自己的规划，以预防各种意想不到的改变。

大多选 b）：你对工作和上班没有激情。是时候实施重塑策略了。

大多选 c）：你不喜欢你的工作，你的同事也都知道这点。与其"被迫"重塑，不如在这之前自己换一下工作。

大多选d）：你仍在成长和学习，并能在工作中体验到快乐。不要安于现状，而是要利用眼前的机会培养自己的重塑技能。

不要做一个在沉默中饱受煎熬的乖乖女，或是成为亨利·大卫所描述的"活在无声绝望中，带着歌声进坟墓"的人。学习帕梅拉分享的这些诀窍，开始再造一个崭新的自己。

指导小贴士

- 以小型的重塑作为起点。改变你的发色、减肥或尝试一种新的运动或爱好。这些微小的提升将逐步解放你的思想，把你带向想要做出的更大改变。
- 找一位同伴。重塑是件孤独的事情。找到一位正和你为相同目标奋斗的朋友或相识的同事，每周约好时间讨论你们两个计划做些什么，已经做了什么，以及彼此对未来的展望。
- 不得找借口。借口不过是恐惧的临床表现。与其谈论你为何无法改变，不如想一想你能做到及将要做到的理由。
- 走出你的舒适区域。你想要的生活就在你的舒适区域之外。
- 给自己一些时间。大多数人想要立竿见影，这并不现实。设立好目标，不断进步，在这个过程中，你可以对自己的成功进行适当的奖励。

这是我要做的事 ☐

错误 77 忽略自己的"遗产"

"有什么能证实我存在过？当他们追溯过去时，会发现什么？"一位高管这样描述他在为公司奉献多年之后，想要将一些自己的东西留在工作中的意愿。当我将这个不凡的见地告诉一位朋友时，她的反应是："我没想过要留下什么，我只想把工作做好。"啊，是的。乖乖女是无私的，富有自我牺牲精神的，而事实上，如果你真正把工作做好了，那么你所做的事就很可能会留下来。

你的遗产并不非得是一座刻有你名字的建筑，一家庞大的慈善基金或者母校的一个名誉职位。我们大多数人留下的是更为谦逊的遗产，但我们并不将其当作自己声望的一部分。考虑到眼下你在职业生涯所处的阶段，你可能还未曾发现它。但我还是鼓励不同阶段的人都想一想自己的遗产该是怎样的，这样他们就会有所行动，他们的行动最终会让他们感到满意，因为他们的存在带来了改变。

咨询顾问兼精神治疗医师苏珊·皮凯西亚与我一道开发出了下面的图表，描述的是职业生涯每个阶段所固有的各种任务。这些阶段并不是由我们的年龄决定的，而是由我们每个人在自己选择的职业中所花费的时间决定的。你会注意到我们的图表与马斯洛的需求层次图相似，不过关注点是在职业生涯上，因为我们相信追求职业生涯的圆满是每个人发展过程的一部分。当这一过程遭遇挫折时，我们便感到不适，或是对工作心灰意懒。

职业生涯发展的不同阶段

追求意义 ↑

- 过渡到工作后的生活方式
- 创造你的职场遗产
- 从事有意义的工作，发展领导才能
- 专注于家庭和未来的经济需求
- 创造并营销你的专业品牌，兼顾工作与生活的平衡
- 发展全方位的关系，以更好地服务于你的事业
- 学习职场成功必需的规则、界限和策略
- 获取职场生存需要的基本技能、教育和培训

做事

在图上你能看到许多我们已在本书中提到的内容，包括个人品牌及创造个人遗产。这两者是相辅相成的。我曾见过太多的女性在为她们的组织作出卓越的贡献之后，却因为无效的品牌经营、工作变动或退休而低估自己的影响力，以至默默无闻。存在主义哲学家萨特说过，对于自我存在的最洪亮的声明，是我们所选择的事业。你在其中建立的声望将是你最伟大的遗产。

 指导小贴士

- 成为导师。在任何年纪或者生涯阶段你都可以这么做。如果你辅导不了公司里的人，就去做社区里年轻女孩的导师。

- 大胆地说出以前说不出的话。如果你已达到了个人声望已经建立的职业阶段，你仍被雇佣的事实便说明公司认可了你的贡献，你可以说一些那些还在上升道路上的人不能说的话。这是最好的机会，尝试说出那些你心中想过却从没勇气表达的顾虑。
- 创建新的系统或流程。你具备别人可能没有的专业知识和视角。可以考虑将各年龄段的技术专家召集到一个特别小组，通过开发新的系统或流程为公司增加价值。利用你的外围专家网络提供帮助——你不仅受益于他们的专业知识，这也是一个和他们保持联系的正当理由。一旦离开了公司，说不定哪一天你就会需要用到你的人脉资源。

这是我要做的事 ☐

第六章

如何更好表达
—— *How You Sound* ——

中国人有这样一句话：纵使见解千般好，难得众人齐称妙。这句话就像一句咒语一样使乖乖女感到困扰。如果你不能以一种能给人带来自信和信任的方式与他人沟通，再好的想法也会被人当成耳边风。阿尔伯特·梅拉比安博士是加州大学洛杉矶分校的心理学名誉教授，他发现了著名的"7%-38%-55%法则"：可信度的7%来自你所说的（你传递的信息）；38%来自你的声音（声调、嗓门等），还有55%来自你的仪表（着装、姿势、非语言信息等）。

这些因素也会影响到所谓的"庄重"——有人认为这是高管沟通的核心。在一份关于领导气质的学术论文中，西尔维娅·安·休利特和共同作者把"庄重"描述为："能够吸引极大关注的优雅的整体形象，让你的核心技能、积累的知识、阅历和天赋等脱颖而出，并把其他人吸引过来。"

接下来这一章将研究上面提到的每个因素，并提供练习，以便你能用好它们。对于某些训练小贴士,你一定要试着大声念出来,这样就能体验到它们听起来的感觉。不要因为某个小贴士让你觉得不舒服或尴尬就放弃,它也许恰好是你最需要的。记住,你能否让人觉得可靠,90%以上取决于你的仪表加上你的声音(见图6-1)。

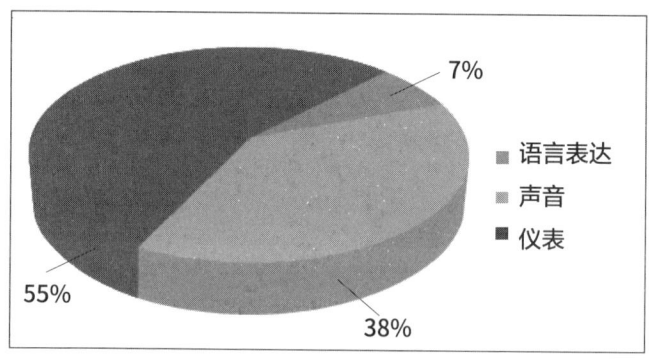

图6-1 可信度的构成

错误 78　用提问的方式表达观点

根据我的所见所闻,这是女性最常犯的错误。她们觉得用提问来表达观点好像很安全,这样就不会显得过于直接或者爱出风头。这种问题的典型形式如:"如果……你认为怎么样?"或者:"你有没有考虑过……?"通过提问而非陈述的方式表达,就等于放弃了自己观点的所有权和成果。思考下面的对话:

安:你是否认为我们今年应该增加研发预算?这样就可应付意外的紧急需要。

彼得:不。我认为我们应该把更多的资金投到销售上来,我们首先需要制造轰动,然后再考虑如何满足需要。

安:说的倒也是,但我们必须随时准备满足需求,而这就要求有研发资金。

彼得:那你问我干什么?

有一位资深女士,别人觉得她有些令人生畏,她来找我寻求指导,想要打破这一认知。她做的是国防军工精密产品,人长得又高又壮,一眼就能看出来她的直接下属可能不敢站出来质疑她的观点。第一次跟她会面时,我们进行了一场分角色的演练,演的是她征询团队意见无果的一幕。她首先问了一个问题,问我对某一流程的看法。当我回答后,她用一个"是的,但是"来回应——"是的,但是你不觉得……"这样反复几次后,我弄明白了她到底存在哪些问题。

这位女性的问题是她让别人感觉不到讨论的氛围，而更像是有意或者无意地让别人按照她的想法去做。表面上看，她显得对别人的意见很感兴趣。但是她的下属都知道无论自己说什么都没有区别，所以他们也就不再告诉她自己的真实想法。后来我了解到，曾有一名教练告诉过她，她应该多问一些问题，以消除她不关心员工想法的印象。我敢打包票，那位教练肯定没有想到自己的建议是如此被实施的。

以提问的方式来发表陈述，会让其他人觉得那不是你自己的想法。他们会认为你是受人指使的，也可能会断章取义，或者干脆全盘忽略。以提问的方式掩饰陈述，有点像教一头猪唱歌，这既会让你感到沮丧，也会让猪受到骚扰。如果你担心自己的表达听起来太刺耳或者太冲动，可以考虑在陈述的时候加一些愉快的措辞，但是无论如何不要把陈述转变成提问。

 指导小贴士

- 现在就开始练习陈述观点。每次当你发现自己要以提问的方式表达观点时，立刻打住，并把它转化为陈述。
- 把你的提问省下来，用到你真正需要获得信息或者对别人的观点感兴趣的时候。
- 用肯定句式表述自己的观点，以上面的对话为例，那就是："我提议将大量预算用于研发，以便我们应付紧急需要。"即使有人不同意你的看法，这样做也更有利于你为自己的提议辩护。
- 在提议或陈述之后可以补充一句"我希望了解你们的想法"，或者"你们可以听到我强烈的感觉，但我很也想听听其他人的看法"之类的话，这会缓和你直截了当的说话方式，让人感觉更舒

服，但是又不会让你显得犹豫不决。

这是我要做的事 ☐

错误 79　开场白啰唆

有些人爱用开场白。就像一个放满杂物的抽屉，如果杂物太多，你就看不清抽屉里有什么，说话也是如此。你说的无关紧要的话越多，你要传递的信息就越分散，听者可能就弄不明白你独到的观点是什么。

女性因为害怕自己表达的信息过于直截了当或咄咄逼人，就把开场白当作一种缓和的方法。听听下面这段开场白，你的感觉如何：

你知道，我正在考虑我们在生产率上遇到的这个问题。事实上，我也和其他人讨论过。我们中许多人都同样担心过去三个季度中生产率的下降，因此在这个问题上并不是只有我这样。我想起来了，也许还不止是那三个季度。我们很久以来就认识到这个问题了，但是却没有仔细考虑。不管怎样，我们都在试图找到解决方法，我认为我也许想出了个点子来。我并不是说这是最好的或唯一的点子——只不过是个点子而已。事实上，其他人也有自己的观点，不过还是让他们自己来与你分享这些观点。那么，我的看法包括……

请问，到底想说什么？这个人的信条肯定是："如果我可以说很多，为什么要说得很精炼？"其实把原话留下四分之一，就能有力度、有自信地表达同样的信息了："生产率的问题困扰了我们很长时间，现在我想提出一个解决问题的建议。"

 **指导小贴士**

- 首先提出你的主要观点。在开口之前组织好自己的思想，你可以先问自己两个问题：我的主要话题是什么？我要让听者考虑的两个或三个观点是什么？
- 言简意赅才显得自信，让这句话成为你的座右铭。如果要传递的信息十分重要，那么在表达之前不妨先练习几次，多作推敲，尽可能少用点儿词。
- 试着将肯定的陈述与简短的信息结合起来："我提议我们作一次多功能分析，来确定过去三四个季度生产率下降的原因和补救的方法。"

这是我要做的事 □

错误 80　没完没了地解释

还记得《我爱露西》这部老电视剧吗？从 1951 年开播以来，这部剧一直在播出——六十多年来它一直以数十种语言版本连续播放。在这部剧中，每当里奇被露西的一些愚蠢的行为激怒时，他都会严肃地告诫她说，"露西，你得好好解释一下。"一听到这句话，露西就知道自己有麻烦了，然后满脸窘迫。里奇要求露西好好解释，是把露西降低到和孩子一样的水平——然后她也用孩子气的方式作出回应。成年女性做出的解释使她们看起来对自己没有信心，而且有时显得有点幼稚。

与扯东扯西的开场白有一拼的是冗长的解释。你终于说出了自己的观点，然后却用冗长的解释来损害它，让人不由得在心里暗暗怀疑。啰唆的开场白与冗长的解释相结合，构成了致命的错误。为什么女性比男性更容易在这两方面"错不单行"呢？这有好几个原因。第一是更多的词句可以表达得更委婉，而上天禁止让女性听起来过于强悍有力。第二是我们害怕自己说得不够彻底或完整，因此，为了努力表现得"完美"，我们就会不断地说话。第三是我们的陈述常常得不到承认，因此我们继续说话，希望能获得反馈。最后一点是我们对自己的不安全感过度补偿，我们以为说得越多就表达得越好……而事实恰好相反。

让我们把上一条提到的开场白，再配上一段冗长的解释，看看什么效果：

……我并不是说这是最好或者唯一的点子——只不过是个点子而已。事实上，其他人也有自己的观点，不过我还是让他们自己来与你分享这些观点。那么，我的看法包括士气调查。你知道，这就是到雇员中去，问问有关他们的工作流程、工作满意度以及与上级的关系等方面的问题。现在许多公司都这么做。我们可以利用外面的顾问或者自己的职员来实施这个方案。如果你同意，我会看看完成这个工作用什么方法最好，或者如果你愿意，也可以由你指定一个特别工作组来研究可供选择的方法。另外，如果你需要，我会研究一下这些方法，并给你一个答复。

正如我前面所言……这是一个致命的错误。

 指导小贴士

- 把你的解释压缩50%到75%。
- 口头沟通之前，先用标题的样式编排语言，回答问题之前先整理思路，保持信息简洁。这种模式使用得越多，就会越发自如。
- 如果你采用了前边三个错误中给出的指导贴士，采用标题式沟通技巧，你提供的信息大致应该是这样的：

    我提议我们实施一个多功能分析，来确定过去三四个月中生产率下降的原因和补救的方法。分析结果将说明我们的最大优势是什么，我们现在犯了什么错误，以及我们应该在此基础上达到什么目标。我会带头做这项工作。你们需要补充什么吗？

- 你或许会在心里暗示自己说得"不完整"，要抵制这样的暗示。你没必要把有关某个主题的所有东西都说出来。根据你的专业技术水平，这也许对你来说不算完整，但是对别人则不然。简洁就

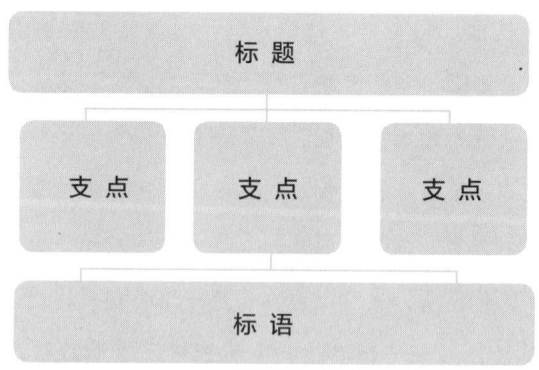

图6-2　标题式沟通

足够了（见图 6-2）。

这是我要做的事 □

错误 81　事事征得同意

你有没有注意到，男性做事情不会动辄请求别人同意？我的直觉是，女性请求别人同意，与其说是真的需要某个人给她们开绿灯，不如说是出于习惯。这是为了保险起见而提问的一种变体，但是可能会适得其反。在我们的社会中，我们希望孩子而非成人请求别人同意。每次一名女性请求别人同意她做什么事情或者说什么话时，她都降低了自己的地位，将自己贬低到孩童的位置上。这也是找上门去让别人跟自己说"不"。在行动之前寻求别人同意，虽然降低了我们出错后受到指责的可能性——但是别人也不大可能把我们看做自信的风险承担者了。

甚至在请一天假这样简单的事情上，女性也要请求别人同意；有时为了购买部门需要的一项服务也要请求别人批准，而事实上她们已经掌握了决定权。这非常荒谬。有一个女性让我难忘，她向我抱怨说，她请求允许她抽出一天时间，带领自己的团队进行远距离操作，结果遭到拒绝；而她的一位男同事却带着自己的团队，为一点儿小事小题大做，跑到当地一个度假胜地待了三天。我问她，她是怎样制订这个计划的，她承认自己认为先获得老板批准在策略上是正确的。但是老板却回答说，他不希望这样的事情发生。然后她去问那位男同事是怎样获得老板同意的，那个人回答说："我从来没想过要请求他同意。"

不管你处于什么地位，你都有资格在一定范围内独立行动。你的工作就是确认这个范围并就此向老板阐明立场，然后在这个范围内行动。我观察到，从行政助理到部门经理，许多女性都必须先请求别人同意才敢采取行动。相信我，你的老板想要你接过球去，自己独立玩游戏。这就是付给你工资的原因，而且这样可以让你的老板的工作更加轻松。

 指导小贴士

- 可以把自己的意图告知他人，但别请求获得准许。通过告知他人，你尊重了他们的知情权，但是却不用依靠他们的同意来决定你的行动。
- 把自己放在与他人平等的立场上。
- 把下面的话改换成后面的形式。"如果我明天在家里上班，你能同意吗？我中午要收个快递。"改成："我想跟你说一下，我明天在家里上班。我有一个东西要在中午送来。"
- 可以设想，如果人们对你说的话有疑问，他们会告诉你的。在这个基础上，你可以通过谈判获得更有利的立场。
- 如果使用肯定陈述对你来说有困难，你可以随后加一个短语，让你的信息变得柔和一些。与其请求对方同意，你不如试着这么说："我计划准备一份意见书，处理客户关心的每一个问题。完成意见书之后，我想先了解你的看法再向客户公布。"
- 同样，不要落入圈套，用不着对那些以提问形式作出的陈述给予回答，否则就会卷入一场口水战。

- 在你需要了解你不知道的信息时提出来的问题才是合理的。这一类问题一定要问,不过要避免用一大堆问题纠缠对方。要注意别人准备离开时的身体语言,其他问题留待以后再问。

这是我要做的事 ☐

错误 82　一有失误就道歉

有一天,我正在观看英国高尔夫球公开赛,在老虎伍兹输掉比赛后,解说员去采访他,对他运气差表示同情,因为有好几杆很容易打,但是他却失误了。伍兹却回答说:"我打得并不差。只不过今天刮风,场地对我不利罢了。"这让我想起来,男性即便面对显时易见的错误和很差劲的表现,也会否认错误,或者将错误的严重性最小化,而不是承担责任或者道歉。

女性可以从中得到一条教训——为无意的、不引人注目和无关紧要的错误道歉,会削弱我们的自信,反过来也削弱了别人对我们的信心。不管是在大街上无意中撞上谁,还是在办公室犯了一个小错误,女性都比男性更容易道歉。这是我们的第二天性,而且我们往往只顾着道歉,而没有正视错误的真正根源——比如,另一个人拙劣的沟通方式。道歉虽然可以减少冲突,但有时却会让你成为替罪羊。

我这里有一个例子。在一次培训课上,有个女性朋友一开始就告诉我说,她的老板刚刚把她训斥了一顿,因为她参加了一个会议,老板也想参加，但是她却没有通知老板。事实上，她给老板发过一个会议通知的邮件，而老板要么是没有读邮件，要么是忘了。当我问她是如何处理这件事情的时候，我知道她为自己的回答感到自豪。因为我们刚好前一段时间讨论过女性道歉的现象，她知道自己并不想随便道歉了事。于是，她非常有礼貌地告诉老板："我收到会议通知的当天就把邮件转给你了。如果你希望我以后遇到类似情况时，都跟你确认一下你是否收到通知，我会非常乐意照办的。"

这是一个了不起的回答，原因有好几个方面。首先，她没有落入道歉的陷阱。她告诉我说，不道歉让她觉得自己更有力量，而且也不像一个受到责备的孩子。其次，有哪个老板愿意员工一趟趟往自己办公室跑，就只为了确认他是否收到邮件。她反应很快，想出了一个她知道老板不会赞成的选择条件。总而言之，她以相当老练的方式，让老板承担了阅读邮件的责任。

指导小贴士

- 从现在起，计算你没有必要道歉的次数。告诫自己除非犯了严重错误（这种错误不会太多）才道歉，这样就可以有意识地减少道歉的次数。
- 如果你真的犯了一个应该道歉的错误，那就只道一次歉，然后转入问题解决阶段。
- 客观地评价出错原因并寻求弥补方法，以此代替道歉。
- 结合以前的训练小贴士，作出如下非道歉的陈述："根据最初给我的信息，我不知道那就是你的期望。把你的想法再告诉我一些，我来做必要的修改。"

- 不要为了赢得别人的欢心而低头道歉。要永远从平等的立场出发——不管你对付的人处于什么层次。也许对方地位比你高，但是这并不意味着那个人就比你更优秀。

这是我要做的事 ☐

错误 83　谦辞用得太多

尽管谦辞并非女性的专利，但是我们肯定比男性用得多。所谓谦辞，就是降低一项成绩的重要性或重要程度的用语。我有一位表亲的女儿十几岁了，她最近就使用了谦辞，这让我想起，其实这是女性早在少女时代就学会的东西，严格要求自己"不要自吹自擂"。

在一次家庭聚会中，她的祖父自豪地宣布，她获得了几项奖学金。我向她表示祝贺，并且询问是什么奖学金，她回答说："哦，只不过是'黄金之州'奖学金罢了。"虽然我对这些奖学金一无所知，但是我非常清楚，她肯定付出了不同寻常的努力。但是，通过使用"只不过"一词，她就把自己获得认可的重要性降到了最低。

谦辞在职场上的另一层意思，就是贬低成功或者把成功归结于努力工作或专门技能以外的其他因素。在回应祝贺或者夸奖的时候，女性往往这样说："这真的算不了什么！"或者："我想，我只是运气好罢了。"老是说这样的话，到最后你自己都会信以为真。

指导小贴士

- 练习说:"谢谢你的关注。"或者:"谢谢。我对这样的结果很满意。"一遍又一遍练习,直到你面对别人的夸奖时可以脱口而出。
- 客观描述你的成绩,不要使用限定词。避免使用"这只不过……","我只是……"或者"我让自己大吃一惊……"之类的话。
- 如果你想表现得谦虚,不妨说些这样的话:"谢谢。我为自己的成就感到自豪,并且我必须把部分荣誉归功于那些一直帮助我的人。"
- 读一读《有力量的谈话:使用语言来建立权威性和影响力》(Power Talk: Using Language to Build Authority and Influence),作者是莎拉·迈尔斯·麦金蒂。这本书深入浅出地阐述了将你的沟通与具体情形相匹配的重要性,以及如何确保你的信息被认真对待的技巧。

这是我要做的事 ☐

错误 84　说话模棱两可

女性不敢把话说得直截了当、坚持己见或信心十足,她们化解这种恐惧的另一种方法就是使用限定词,其作用是柔化和弱化自己的信息。

限定词包括以下这些:

"这有点像……"

"我们在一定程度上做了……"

"也许我们应该……"

"如果……或许会好点。"

"我们可以……"

哎呀！真让人发疯。模棱两可的话会让人们产生疑问:

"这到底像什么？"

"你们到底做了什么？"

"我们到底应不应该做？"

"到底是更好还是不是？"

"我们到底行还是不行？"

 指导小贴士

- 用清楚、肯定的语言表达你的观点。这并不意味着武断，只需直截了当，不用限定词即可。
- 同样，如果你感觉自己需要限定词，那就不妨使用一些简练的短语，既可帮助你淡化一个尖锐的观点，又不会削弱其效果。例如："我强烈地感觉到我们应该立即行动，不必等待他们提出所有理由。我很想听听其他人的想法。"
- 如果你真的不能肯定，那就在发表评论前说明为什么不能肯定，

或者什么能让你更加肯定。"根据我们目前掌握的事实,我不敢肯定我们应该这么快行动。在作出最后决定前我需要更多数据。"这比限定词清楚得多。

这是我要做的事 ☐

错误 85 答非所问

当被问及一个出乎意料的问题时,你是不是觉得自己就像一头被迎面而来的车灯照到的小鹿?你的心怦怦直跳。你的大脑飞速旋转,试图找到一些要点能让你听起来还算聪明伶俐、见多识广。每一秒钟都像一小时那么长。而你最后是怎么做的呢?你开始说话,试图打破沉默,并寄希望于最终能谈到点子上。

来看一位高级副总裁与其下属的对话:

高级副总裁:你认为我们是否应该告诉股东有关第四季度预期损失的消息,或者我们应该等到确定损失额之后再告诉他们?

直接下属:嗯,我们可以现在告诉他们,以便为第四季度的财务做好准备。另外,如果我们等一等,按照实际数字去说,我们会显得更可信。如果我们现在告诉他们,我们就得处理许多我们无法回答的问题。如果我们等一等,他们会觉得我们好像要隐瞒什么。两者各有利弊。

猜猜怎么着？副总裁自己也知道这两种方法各有利弊。她也可以像这位下属那样把利弊都分析一遍，但她想要的是一个直截了当的答案。我那些印度尼西亚的客户（他们不管男女，都以一种典型的女性方式交流）把这个叫作"巴萨—巴斯"——也就是婆婆妈妈的意思。女性往往错误地以为，面对强硬的问题，她们有权自言自语。她们认为，把所有的选择都摆在桌上，是最有帮助和最公平的事情。唯一的问题是，这样做显然会导致答非所问。依我说，这只是女性左右兼顾、谨慎行事的另一种表现。我的一位同事把这称为"明知故藏"。如果你有机会作说明性的陈述，那就应该对直接的提问给出直接的回答。

 **指导小贴士**

- 直截了当地回答那些向你提出的问题。就像在学校里一样，考试只有四种题型：判断对错、填空、单项选择和论述题，上面说到的问题是单项选择。如果问："我们应该现在宣布这些信息，还是等以后再说？"那么你说出口的第一个词必须是非此即彼——除非你有第三种选择。在这个案例中，你可以这样开场："二者都不行。我认为应该在公布财务数据时让结果自己说话。"

- 如果你不能直接、简洁地回答一个问题，那可能是因为你希望给出一个完美或者"正确"的答案。我经常听见人们说："我不能只回答'是'或'否'。"哦，不，你可以的。你只需冒个险让自己设身处地地想想就办得到。宁愿让你的回答引起一场争论，也强于听起来模棱两可。

- 运用"底线思考法"梳理你的思路。本质沟通公司总裁汤姆·亨舍尔训练客户根据底线和两到三个支持数据，在头脑中把答案

"块状化"。运用这种模式对上面的问题给出一个合适的回答，应该就像这样："我建议我们现在公布这条信息。原因有两方面：首先，我认为，完全公开虽有不当之处，但也强于被人指责为隐瞒信息。其次，我们已经非常肯定会有亏损，但是，如果我们弄错了，结果没有亏损，那么人们会放下心来，我们也没有损失什么。"

- 在回答"论述题"时，使用编号的框架来组织和表达你的思想："我有三点看法……"或者"我们可以选择两条道路……"。
- 参加一个即兴创作班。要能够直接回答问题，部分取决于你是否明白怎样做到反应敏捷。在即兴创作班学到的技巧在许多方面都会对你有帮助。

这是我要做的事 □

错误86　语速过快

第一次在《今日秀》中接受安·克里的采访时，我非常激动。我也不知道会有什么样的经历（倒是经历了肾上腺激素的升高），但是访谈结束后，我问她可不可以给她一条指导贴士。她犹豫了一下，然后说没问题。我给她的建议就是让她讲话再慢一些，否则讲得太快了让人觉得她想要缩短时间。

我并不认为我们应该加快语速。就因为曾经有人指出我们说得太多，所以我们中的许多人害怕占用别人过多的空闲时间。我们加快交流速度，好在被人打断之前，或者有人暗示我们说得太多之前，把我们的全部信息都传递出来。结果，我们讲话就像联邦快递老广告片里的那个人——他能用光速说话。占用一定时间说话，就跟我们需要占用一定的空间来生活一样，都是权利的象征。也就是说，我有资格让人看见我的存在，听见我的观点。

既然语言表达在很大程度上决定你的可靠程度，那么不管你表达的实际内容是什么，传达出你的自信、准确性和思想深度都很重要。语速太快就会适得其反，别人可能会打断你的话，暗示你没资格占用他们那么多时间，或者暗示你的信息还不够重要，不值得他们花时间来听。如果你匆匆忙忙地表达自己的观点，别人就会认为你的观点不全面，没有经过深思熟虑。这样的理解反过来也会导致听众怀疑你传递的信息的准确性。

指导小贴士

- 练习以适当的节奏讲话。伴着音乐练习演讲很有帮助——只要不是进行曲就行。
- 加入演讲协会。这类组织在大多数城市都能找到，职业人士可以在午餐时间聚在一起练习公开演讲。每次聚会临近结束时，成员们都会互相交流。这也是进行轻松的谈话和公开演讲的最好方式。
- 读一读《机智谈话：各类情形下公开演讲的成功指南》(Smart Talk: The Public Speaker's Guide to Success in Every Situation)，作者是丽萨·B.马绍尔。该书全篇都是实质性的建议，指导你在面对观众时，如何才能看起来、听起来都更专业。

- 让你的某个朋友或者同事在你讲话速度加快时，悄悄示意你一下。
- 告诉你自己，你有资格占用足够的时间把话说清楚（只要你按照前面的小贴士所提出的方法讲话）。

这是我要做的事 ☐

错误 87　不会使用行业术语

每一个行业和专业都有自身的术语和行话。如果我们没有使用这类语言，就显得我们不够内行。影响力源自你对业务的了解，发挥影响力最好的方法之一，就是运用你那个行业或专业特定的术语。女性通常认为，如果她们了解并擅长自己的业务，单凭这一点就能让她们变得有影响力。错了。

有一位曾经跟我们合作的女性，想知道为什么升职的时候自己总是被忽略。她的绩效评估一向很好，而且也经常因为自身的专业技术和对所在部门的贡献受到好评。为了发掘潜力较高的员工，她的公司定期对一定层级以上的员工进行管理能力的评估。评估内容包括几项测试以及与一位组织心理学家的面试。评估报告中描述她具有高于平均水平的智商，善于解决问题，具备优秀经理人的潜质，但是缺乏用行话来谈论业务的能力。

你知道投资回报率、净利润和业绩指标吗？如果不知道，现在就去弄清楚吧！

指导小贴士

- 多读一读《华尔街日报》，它不仅能提供对你工作有帮助的信息，还能让你了解常用的商业术语。
- 多向财务部门的人请教基本术语。
- 订阅行业杂志或新闻简讯。
- 参加适合非财务专业人士的会计课程。
- 研究你自己的财务收支和预算。
- 参加专业协会举办的会议。
- 研究你所在行业的基本准则和最佳做法。

这是我要做的事 ☐

错误 88　口头语太多

口头语指的是在说话时，用来填充短暂停顿的习惯性声音或者短语。如果说话时用了太多口头语，就会让人感觉你不够确定或者犹豫不决。虚词可以是"呃""哦"这样的声音，也可以是有实际意思的短语或句子，比如"你懂我的意思吗"，或者"懂吗"。说话时任何用来代替短暂停顿的重复声音都属于无意义的口头语，都会妨碍你的信息传递。

如果把自己发出的每一个声音都记录下来——哦……好……你不会……嗯……希望你的发言读起来好像是你……呃……不知道你要说什么——明白我的意思了吧。改变这个习惯可能会遭遇的难关，就是你会刻意地关注这些破坏你的可信度的词。刚开始关注自己说出口的口头语时，不管多么努力，对于实际要表达的内容，你大概只能听到十分之一。

指导小贴士

- 找一位信得过的同事，问问他对你使用口头语的意见。
- 跟朋友或者同事建立一个实时反馈圈子。比如，喝咖啡的时候，让他们每次听见你说口头语就打一个响指。
- 让同事之外的人也参与到你的实时反馈中来。你获得的反馈越多，改掉这个习惯的进程就越快。
- 自己做个演讲并录音，回放着感觉一下。
- 在你的办公桌上放一台录音机，在你接电话或者打电话之前，按下录音键。稍后听一下录音并数一数使用了多少口头语。
- 要适应"短暂停顿"——它可以成为你交流中的一件利器。

这是我要做的事 ☐

错误 89　说话怯生生

女性缺乏安全感、说话不直接的另一个表现就是,说话怯生生的。从下面的对比,你就可以更好地理解它。(仅仅把它们写下来都让我觉得软塌塌的!)

怯声怯气的表达	更自信的表达
"我觉得好像应该……"	"我认为最好是……"
"我可能……"	"我打算……"
"你可不可以考虑……"	"我建议你……"
"如果我们……,你感觉可以吗?"	"如果我们……,你认为怎么样?"
"有人可能不赞同……"	"反对者会说……"
"我想我们是不是可以……"	"我提议我们……"

看明白了吧。两边的字面意思都差不多,但是右侧的表达更坚定。右侧的陈述方式强烈地表达了讲话者勇于担当和渴望得到重视的愿望。你可能觉得我是吹毛求疵,但是我们的语言强烈地传达了有关我们自身、我们的价值观和意图等方面的信息。

指导小贴士

- 练习用"我"作为句子的开头,如"我认为""我相信""我提议""我打算""我愿意"或者"我感觉"。

- 要敢于坚定地表达自己的想法。
- 多读一读针对商界人士的图书和文章，这样可以积累更加专业化的词汇。
- 写信或写邮件的时候，回过头再改一遍，有意识地加强你的书面表达能力。
- 不要完全放弃怯生生的语言——只是要分辨使用场合。在跟同事讨教或辅导同事时，它们还是很有用的。

这是我要做的事 ☐

错误90　表达反对意见吞吞吐吐

我也不知道是谁引领了"三明治反馈艺术"，反正我认为这种方法太世故，也会损害你直接表达的能力。"三明治反馈"，就是当你给别人反馈信息的时候，应该把"一片"负面的反馈夹在"两片"正面的反馈中间。

忘了吧，没多大用处。

对于给出反馈的人来说可能更轻松，但是对于接受者来说却不尽然。其实我不太想给大家找出其有正面作用的例子，因为我不希望你把这个技巧跟别人交流，但是为了把它解释清楚，我给大家大致示范一下：

格里格，我想和你谈一谈，对于你最近在杰克逊项目中的工作，给你一些相关的反馈。我真的很高兴，你预先花了相当多的时间与客户建立关系。他们似乎很欣赏这一点。另外,我希望你能多花点时间作一些必要的调查,好为他们写出更有理有据的提案。总而言之,我得说你在管理客户的期望值方面做得不错。

那么,格里格听完之后该怎么想呢?他自己也不清楚领导对他的工作到底满意不满意。虽然最后一条信息是肯定了他的工作,但是中间这条更关键的信息,很可能才是他应该注意的地方。如果要清楚地传达自己的期望,强调合适的表现,那么把正面的和负面的反馈分开才是有效的方式。不管你多么老练,给出批评的意见都绝非易事。这也是我使用"七加一反馈法"的原因之一。

女性更不愿意给别人带来坏消息。说实话,谁愿意做那个泼冷水的人啊!要想有效率,给出的反馈必须具体、可行并且偏重正面结果。给格里格的反馈应该采用更好一点儿的方案,我们来看一看:

格里格,我想就杰克逊项目给你一些反馈。我认为,你所作的调查陈述不够深入,给客户留下了许多没有解答的问题【具体】。我希望以后你能更深入地调查我们的竞争对手在做什么,并且对比一下,我们的流程和人手都有什么优势【可行】。这样,客户就可以在较短的时间内获得足够的信息来作出决定了【正面结果】。

 指导小贴士

- 按照"七加一反馈法"给出批评意见就会容易得多。即每给出一条负面信息,就必须给出七条正面信息。这使得接受者能听进去你的建设性意见,同时也不会认为你过于苛刻。

- 如果你给出正面反馈，一定要保证其中没有批评暗示——它似褒实贬，听起来就像你婆婆说话的风格："今天的晚餐味道真好，比你前三次做的饭菜好吃多了。"
- 记住，要跟踪反馈就应该正面和负面信息都要跟踪。
- 运用一种叫作 DESCript 的模式，更容易给出直接的反馈。

　　D = Descript（描述），描述你进行谈话的原因。例如：

　　弗兰克，我想和你谈谈上周我们一起处理艾克米项目时发生的事情。

　　E = Explain（解释），用行为术语解释你是如何看待这种情况的，并且 Elicit（引出）对方的感受。

　　我感觉这一揽子工作全都落到我的肩上了，因为五天中你有四天都迟到早退。我想知道你是如何看待这种情况的。

　　S = Show（表示），表示你已经听到了对方说的话，并且 Specify（详细说明）你希望看到的情况。

　　我理解你要处理家庭问题，如果我事先知道，我本可以做不同的安排，或者叫别人和我一起工作。今后，如果你不能把注意力百分之百地集中到我们合作的项目上时，那就告诉我，这样会对工作很有帮助。

　　C = Consequence（结果），把想要的行为跟结果联系起来（不管是正面的还是负面的，根据问题的严重性和讨论的时间长短而定）。

　　谢谢你听我说完。如果我们能找到更好的内部交流方法，我们就能够为客户提供更多价值。

这是我要做的事 ☐

错误 91　说话语气太柔

大约 14 岁的时候,我在一家干洗店打工,那家店的老板是个女的,可能患有偏头痛。如果你曾经在某个工作日的中午去过干洗店,你肯定听到过各种机器和熨斗什么的发出的嗡嗡声。有一天,我正对着一位在几米外干活儿的同事大声说话时,老板走过来,在我耳边悄声说:"难道你不知道年轻姑娘不能大吵大嚷吗?"此后很多年,我都小心翼翼,说话不敢太大声,唯恐自己听起来不像淑女。

事情已经过去三十来年了,我意识到那位女性很有可能患有头痛的毛病,她那么说只是希望我保持安静而已。我不知道有多少女性被这样告诫过——而且可能也是因为同样的原因。

我们说话声音的大小,同样也能够改变别人对我们的印象。女性的声音本来就偏于柔和。当我们小声说话的时候,我们传达的信息就显得不确定或者缺乏自信。音量也会影响肢体语言。说话声音越是洪亮,配合的手势自然就越多。把适中的音量跟手势结合起来,你立刻就能给人以权威或者学科问题专家的感觉。

指导小贴士

- 在面对一群人讲话的时候,可以假装离你最远的人听力不好,声音尽量大一点儿以便他能听清你说的话。

- 参加一个声音训练、表演或歌唱训练班，学习如何发声。
- 如果人们让你重复刚才说过的话或要你说话大声点，一定要认真对待。
- 当你作演讲或者在会议上讨论某个课题时，把你的声音录下来。在听录音的时候，如果你发现想听清自己说话有点费劲，而其他每个人的声音都听得很清楚，就说明你应该注意自己的音量了。
- 听你自己的语音留言，客观地评价一下，你会怎样在电话另一端描述这个声音。练习自信的留言，这往往是你留给对方的第一印象。
- 把听你说话的人想象成顾客。你的声音应该围绕在他们周围，这样他们就可以舒服地靠在椅背上坐着听。如果他们必须身体前倾，费力地听你说话，那就表明你没有让顾客满意。

这是我要做的事 □

错误 92 音调过高不自然

女性在跟别的女性说话的时候声调很自然，但是如果有个男性进入房间，她就会突然尖声尖气，这是为什么呢？男性通常不会发生这种情况。女性的声音变得又高又尖的时候，听上去就像小女孩的声音。小女孩的声音听起来是什么样的呢？腼腆、矜持、甜美，但是一点威严都没有。或许某些女性就希望自己的声音保持小女孩的感觉。

不过人们不仅会对你传递出来的具体内容做出反应，还会对传递信息的声音做出反应。用比较女性化的那种尖锐的声音传递出来的信息，其含金量通常都被打了折扣。早期在无线广播中担任播音员，很多年里一直全都是男性，你觉得是什么原因？虽然不太了解沃尔特·克朗凯特的品行，但是我们都信任他。直到今天，男性的声音在国家电台晚间新闻节目中仍旧占据主导地位。从安德森·库珀到查理·罗斯和斯科特·佩利，人们认为男性的声音就是有权威。

虽然我无法告诉你为什么会出现这种情况，但是我知道低沉的声音可以唤起更多的注意和尊敬。随着音调的升高，可信度就会下降。低沉的声音是典型的男性特征，这一看法在我们的文化中根深蒂固，所以我们大多认为男性比较有权威。甚至，声音比较尖的男性也跟女性一样，面临同样的难题。罗斯·佩罗的身高稍嫌不足，加之嗓音比大多数男性要尖锐，这一点甚至不利于他在政坛的发展。

想一想惠普的 CEO 梅格·惠特曼，再想一想伊丽莎白女王。虽然女王被公认为是有名无实的一国之君，而惠特曼则是全球最大的公司的老板，听了她们的声音你就知道，在一个人了解另一个人的过程中，声音有多么重要。

指导小贴士

- 当你从梦中醒来时，试着发出点声音，例如"唔——"或者"啦啦啦啦啦"。你会发现这是你自然的、未受压制的音调，也就是你可以努力在工作中保持的声音。
- 参加一个合唱队，找到你的音高。很快你就不会用假嗓子了。

- 有意识地呼吸，放松你的颈部和肩部肌肉。音调升高常常是由声带紧张或收缩造成的。
- 想象你的颈部到胸腔是一个宽敞的空间，让响亮的声音从那里发出来。

这是我要做的事 ☐

错误 93　打电话或留言时结尾啰唆

以前我们常常打趣说我的婆婆不知道怎么说再见，每次我们两个把各自议程表上的最后一项讨论完许久之后，她还在说个不停。很多女性在电话留言的时候也是这样。不管之前多么简洁清楚，结束的时候都会这样："好了，嗯，我想我已经说完了。嗯，如果你有什么问题，就给我打电话吧。就这样，好，再见。"拖拖拉拉地结束，会消除你前面那些信息的有效性（还有重要性），会让你显得犹豫不决。

曾经有一位客户跟我说，有人给她留了粗鲁、生硬的语音留言，她不知道该怎样回应。我就让她存几条，见面的时候给我听一听。同时我还让她找一找信得过的同事，让他们把她的留言转几条给她，然后一并给我。在听了两组信息之后，事情一下子就清楚了，她所说的有问题的留言都是男性的。这些留言其实并不粗鲁、生硬，只是简洁明了而已。反过来再说她给别人的留言，她一边思考一边貌似自言自语给人家留言的时候，说了很多废话。对比起来，她的留言听起来更柔和——因为语气和措辞都更柔和。但是用词过多会弱化信息的内容,用词较少反而让人更加难忘。

指导小贴士

- 大多数商用电话留言系统都有回查并听取自己留言的功能。如果想知道自己是不是在留言的时候拖拖拉拉,那就在发送之前先回查并试听。
- 在你打电话之前,在脑子里列出你想说的事情,当你说完的时候,就知道该结束了,不必再啰唆(我婆婆真应该知道这一条)。
- 如果你打着电话,突然意识到自己已经犯了拖拉的错误,就要在说清楚事情之后强迫自己结束,抓紧说再见,挂上电话。
- 为你每次的讲话内容准备一个精练的结束语。你可以说一些类似于"有问题就给我打电话"的句子,然后就可以从容挂上电话。

这是我要做的事 □

错误 94 回应别人速度太快

我敢肯定,你会赞同"开口之前细思量"这种说法。开口之前短暂的停顿,可以引起别人的期待,并且把注意力放到你接下来要说的话

上。如果你想取悦他人，不想占用他们太多的时间，那么你很可能在回答问题的时候速度过快，没有给自己充足的时间来进行周详的考虑。开口之前细思量，是你在跟别人沟通过程中的利器。

说话前停顿一下，表明你对自己要说的话做过深入思考，更能激起听者的兴趣，给人留下你很自信的印象。这种停顿也能给你时间，让你用精确的语言把自己的想法表达出来。

指导小贴士

- 练习在回答问题前默数三个数——哪怕答案就在你嘴边。
- 在停顿的时候，问问你自己，在接下来的讲话中，你希望听者能了解你的什么主要观点。然后，就让这个观点成为你之后讲话的中心句。
- 用个旧的时钟或者手表计一次三秒钟的暂停。在谈话中间，这三秒看起来像是时空停止了运转，不过你会慢慢地发现，其实那只是一瞬间的事儿。

这是我要做的事 □

错误 95　沟通形式单一

我们大多数人都会偏好一种交流风格，这种风格主要侧重于：

- 数据，或者
- 情感，或者
- 行动，或者
- 创意。

我用了"主要"这个词，是因为在日常的交流中我们还要用到至少一种其他方式。所以不妨想一想：如果你属于借助情感来交流自己想法的类型（正是许多女性的倾向），正要试图影响某位喜欢借助事实来交流的人（正是许多男性的倾向），那就会出现鸡同鸭讲的局面。当你说："我觉得这是该做的事。"另一个人则会想，我不管你怎么觉得，给我一个应该这么做的正当理由。许多好点子经常在这样的情景中遭到忽视，甚至被人耻笑，只是因为在交流时没有采取其他人能轻松接受的方式。

要解决这种困境，应该根据你试图影响的人的偏好去改变交流风格。如果你觉得这样有点虚伪，再好好想一想：你所要传达的信息并没有变，只是改变了表达方式。发挥你的情商，认真观察个体的偏好，并在每次互动中采用正确的风格。

指导小贴士

- 这张表格可以帮助你针对不同的人采用正确方式的沟通方式。

如果那个人……	那么……
办公室整洁得像没人在里面工作,全身总是收拾得非常得体,也不喜欢闲聊……	很可能他们会希望你用数据、事实和图表来进行交流。不要试图与他们闲聊,那样会适得其反。去之前准备好所有需要的信息来充实和完善你的方案,这样才能得到一个合情合理的决定。
是个总是在组织假日聚会或野餐的人,能记住所有人(包括他们的狗)的名字,办公室里有很多私人的纪念品……	对于提及了感受、价值和先例的交流他们才可能有最好的反应。从一些闲谈开始你的谈话,然后转移到手头的事务上来。在试图影响这种人时,应表示自己已就方案和其他人碰过头,并且很受欢迎,或者解释一下它将如何使受众获益。
很少有时间和耐心去长谈,办公室乱得像刚被轰炸过一样,对造型或时尚兴趣寥寥……	使用执行纲要,只对要点进行交流。在表达你的想法时,暗示很快就能采取行动,并在不久之后就会有成果。准备好回答问题,但除了阐述要点以外,不要再提供更多信息。
像一个有大局观的人,相比于现实,更多地活在设想当中,颇具创意,办公室里放的是运动器材、新奇物件或者现代艺术品……	要有效地影响他们,最好的办法是将你的想法以最先进、最前沿的方式呈现出来,并表明你的想法能帮助公司或部门立于最具竞争力的地位。在讲话时注重逻辑和事实,但要强调未来的前景,或者你的提议将如何使公司在行业中脱颖而出。

- 登录 keirsey.com 获取免费的交流风格目录。它将助你确定自己以及他人偏好的交流风格。在这个网站还可以获取有关书籍,进一步了解交流风格的偏好。
- 当你似乎无法说服某人时,尝试转变一下自己的交流风格。有时候要引起他们的注意就得这样做。

这是我要做的事 ☐

错误 96 做事左右为难

有一件事会让我们的男同事（可能还包括丈夫）抓狂，就是女人在做决定和确定方向时显而易见的犹豫不决。我在这里很谨慎地选择了"显而易见"这个词，描述许多女人缺乏自信和勇气双脚跳进水池中时，男人们对此的感受。我们常常是先把脚趾头放在水中，看看自己是否准备好了跳进水池。

左右为难，也就是由于内在信息相互冲突而无法做出决定，这并不是女性的特有表现，但是女性表现得相当严重。导致左右为难的因素有很多，其中有：

- 数据匮乏
- 相信别人知道得比自己多
- 曾经在做决定这方面为人诟病
- 真切地希望衡量所有的选择
- 害怕做出错误的决定
- 不想伤害某个人的感受

不管是哪一种因素导致你表现出左右为难，结果都是让他人觉得你没有担当，没有勇气坚持自己的信念，在事情发展超出预期时缺乏改弦更张的韧性。

 **指导小贴士**

- 给自己一个时间期限,必须在其中做出决定。如果老板要你平调到别的城市,你的第一反应是左右为难,那就给老板一个时间期限,告诉他你什么时候会回复他。试着这样说:"您推荐我担当这个职位,我真的非常荣幸。这是个不小的决定,我可能需要考虑一下。48 小时之内我会给您答复。"这样的反应就不会显得左右为难,而是相当的慎重。
- 清楚说明为什么决策要推迟,并引用数据作支持。比如,"我还不想马上就此做出决定。我们仅调查了 1/3 的客户,还需要额外的数据来确定是否选择正确。一个好的决定,至少要从这次行动会影响到的 60% 的客户那里获得信息。"
- 交流时不要总是自言自语。当你这么做时,听众就会觉得你正在为许多选择或问题左右为难。偶尔一次这样是可以的,但频率太高时就会让人觉得你过于优柔寡断。
- 向一位信得过的朋友征求意见,而不是找你的老板或上级。如果在做出承诺前,你需要权衡再三,找个朋友或亲人来帮你。
- 始终牢记,大多数的决定都是有选择余地的。因此,与其表现得举棋不定,不如先做出一种选择。

这是我要做的事 ☐

错误 97 把解决问题和抱怨混为一谈

在我的办公室有一条铁律:"如果没有相应的解决措施,也没有让别人帮忙解决问题,就不要抱怨。"因为怕被说成是一意孤行或者越界,乖乖女不太习惯提出解决问题的备选方案,她们会把问题摆在桌面上,然后小心翼翼地绕过它。没有谁喜欢老是抱怨的人——即使他们的担忧有其合理性。

男人会互相抱怨,但极少对上级这样做。他们咬牙忍耐,不想让自己被看成是个"爱哭的孩子"。相反,当麻烦缠身时,他们要么强作忍耐,要么就尝试找出一种方法来解决或避开问题。另一方面,女人则会把事情压在心头,经常小题大做,让男同事觉得相当吃惊。

指导小贴士

- 永远都不要抱怨。相反,牢记温斯顿·丘吉尔的至理名言:"永远都不要放弃。"当有麻烦时,找到能让形势好转的办法,立即执行或者提出建议(但不要请求许可去做)。
- 不要被怂恿成为代替他人抱怨的喉舌。即使在问题背后有关键致命点,也不意味着你该去做那个揭开它的人,当心到时被人当作不安定因素。也有例外的情况,就是你的位置或角色赋予了你正当的责任来采取行动消除顾虑。
- 当你确实不知道该如何解决问题时,本着真正要解决问题的态度去求助他人，进行一些头脑风暴，发挥创意来解决棘手的问题。

这是我要做的事 ☐

第七章

仪容仪表如何更得体
How You Look

在培训中,我一般会从那些容易识别也容易改进的行为入手。这给人们带来了快速的成功,因为人们能明显地发现他们的变化——他们用行之有效的行为取代了那些自我损害的行为。本章考察的是女性的一些无意识或者习惯行为,这些行为同样也会给人留下不够干练的印象。不要被其中一些错误的表面简单性所欺骗。很少有女性只犯其中一种错误,几种错误结合在一起,就会极大地造成你能力不足的假象。

现在,让我们先来打破一个职场流动中最大的迷思:"最优秀和最聪明的人会获得晋升和选择任务的奖励。"这种说法根本不对。在事业中一帆风顺的往往是这样的人——他们有一定的竞争能力,个人形象和语言表达都显得十分专业。竞争力只是入场的筹码,是敲门砖。你应该具备竞争能力,但是只有竞争能力不会取得职业进展。

很多女性,尤其是年轻女性,对于以貌取人的做法很是生气。有的时候,我们可能对什么是成功有一种理想主义的看法,或者干脆拒绝广告业对女人仪表的描述。对于我们这些体态臃肿、没有晶莹无瑕的肌肤和金发碧眼的女性来说，这肯定是个挑战。最重要的是，它是如此主观。毕竟，美是情人眼里出西施。尽管如此，我们还是可以做一些事情，让自己看起来像个专业人士，又不会觉得那不是真实的自己，这就是本章的重点。正如我的朋友兼沟通训练师汤姆·亨舍尔所说，"如果别人上班时都像周一早上的样子，而你上班时却像周五晚上的样子，你的路可能就走不下去了。"

研究表明，你的可靠性，有55%来自外表，另外38%来自你的语言表达，只有7%跟你讲述的内容有关。所以，不管你实际上有多聪明，也不管你受教育程度有多高，如果你看起来不那么得体，别人就不会把你当作有能力的专业人士。幸运的是，如果你想尽快把自己塑造成可靠而能干的专业人员，改变外表是你最容易做的事情。

错误 98 刺青太醒目

我要大声感谢克里斯汀·耶尔达和南旧金山基因科技公司的女士们，是你们为我介绍了"tramp stamp"（字面意思:浪人印记）这个词组。在她们对我说明这个词组的意思之前，我和你们一样，不明白这个词组是什么意思。它是个贬义词，具体指女性后腰处的文身，当她们着装比较清凉或弯下腰时，在上衣和裤腰之间这个文身会显露出来。网络上的议论已经不仅仅是对于这些女性的恭维。"城市词典"里说："不论公平与否，这样的文身关联着社会建构的内涵。那些女性被看作流浪者、妓女或者有性乱交倾向的人。"

身体其他部位的文身呢？我不想知道你到底是什么原因要弄一个文身。我知道它们很时髦，和朋友们出去玩一晚可能就文了一个，但我得说，在绝大多数职业场合，文身都不要露出来，除非是极具创新的地方或艺术领域。

有一个网站做了一项调查显示，85%的调查对象认为文身或身体穿洞会给应聘者带来负面影响。乔治·梅森大学的经济学教授布兰恩·卡普兰甚至表示文身和终身收入之间成反比关系。

数年前我与一个女性员工有一场有意思的经历。在面试时，她穿着长袖服装。录用之后，我才发现她的衣服的袖子遮住了她的文身（她的前臂上满满的都是文身）。如果在面试的时候我看到了那些文身，我肯定不会雇用她，因为我认为，对于那些希望被视为严肃的专业人士的人来说，这些文身表现的是糟糕的判断力。同样，我也不喜欢应聘者在面试时有所隐瞒——不管是文身、上一次工作被炒鱿鱼，抑或是瘾君子。

事情往往欲盖弥彰。就拿这个女性的例子来说，尽管我在进办公室的时候尽力不去看她的文身，但结果证明她是个糟糕的人。她的决策技巧和与客户、同事间的互动显现出她判断力低下。她没有通过90天的试用期。

真正的问题是，你是否想让文身或穿洞成为人们讨论的话题？你真的想让它们定义你的个人品牌吗？

指导小贴士

- 千万不要去文身或弄个奇特的穿孔。你很可能会后悔的。同样，不要受那些自认为很酷的联谊会姐妹、女性朋友或约会对象的怂恿。
- 如果你实在想文身或穿洞，放在那些在职场上没人可以看到的身体部位。我的一个女性下属在某个咨询办公室得知了我对显而易见的文身的态度。她花了几个月的时间才鼓起勇气给我看了她的文身——就在她的后脑勺那里，上班的时候她披着长发，文身被盖住了。我一直都没看到过……
- 如果你已经有了显眼的文身或穿洞，在工作日把它们遮盖住吧。如果这意味着在三伏天你得穿长袖衫，那也得这样。这就是你赶时髦的代价。

这是我要做的事 ☐

错误99　笑得不合时宜

在一次关于女性领导艺术的研讨会中，我们正在讨论如何让人们认真对待我们。一位身材娇小的亚裔女性，是来自加州帕萨迪纳市的喷气推进实验室的工程师，举起手来问我为什么她的男同事总是忽视她的观点。她的话音刚落，房间里响起一片笑声。在我们在场的人看来，她受到这种对待的原因再明白不过，在整个说话过程中，她一直很夸张、不合时宜地笑着。

女孩被社会化后比男孩更爱笑。当他们还是婴儿的时候，父母对女婴就比对男婴笑得多。如果男性没有笑，别人就会认真地对待他们；如果女性没有笑，我们就常常会问："她这是怎么啦？"难怪当我们笑得不合时宜时，我们自己都没有意识到这一点。

指导小贴士

- 多注意一下你什么时候在笑，我经常培训女性"观察笑容"。
- 有意识地让你的面部表情配合你传递的信息，要让自己的肢体语言和你口头传递的信息保持一致。
- 在传递重要信息之前，先对着镜子排练一下。这会让你更清楚自己的笑容什么时候显得不合时宜。
- 不要完全停止微笑，它有助于提高你的亲和力，而亲和力是获得成功的重要因素。

- 要注重你微笑的时机和方式。例如，你可以有意识地运用微笑来表示你对别人处境的理解。

这是我要做的事 □

错误 100　占据的空间太小

对空间的使用也是表现自信与资格的一种方式。占据的空间越大，就越显得有自信。下次坐飞机的时候，你可以看一看男性和女性坐姿的区别。男性坐下后，通常会舒展肢体，占据座椅两边的扶手；而女性则将胳膊紧紧贴在身体两侧，试图尽量少占一点空间。观察这种差异的另一个好地方就是电梯。不管男性还是女性，大多数人在进入电梯时，都会有意识地给别人留出位置。但是，当电梯变得拥挤时，你更有可能看见女性缩在一个角落，生怕占据了太多空间。

在工作场合中，当一名女性进入房间做报告时，通常也会出现同样的现象。她倾向于从头到尾只站在一个地方讲话，即便移动位置，幅度也非常小。在这种情况下，如果你占据的空间太少，而且手势也不多，二者结合就会传达出一种不利于你的印象——矜持、谨慎、不愿意冒险、羞怯，或者被吓得不敢说话。

指导小贴士

- 做演示或报告的时候,要充分利用你能够占据的空间,缓缓地从一边踱到另一边,或者前后移动。即使你站在很大的舞台上,也应该从讲台背后走出来,占据大约75%的空间。
- 参加会议的时候,应该挑选你可以自由移动的座位。不要坐那种让你不得不把胳膊紧贴着身体的位置。把胳膊放在桌上,略微前倾,这就表明你在留心听别人讲话。当然,如果空间较小,你只能挤一挤。
- 站在一群人前面的时候,你应该两脚分开站立,两脚之间的距离与肩同宽。
- 坐下之后,要更舒展,尽量不要显得拘谨。
- 必要时,让人给你一个领夹式麦克风或者手持麦克风。与固定麦克风相比,它们可以允许你更加自由地移动。

这是我要做的事 □

错误 101　手势与传达的信息不一致

运用手势是为了弥补占据空间不足的问题。就跟其他自我表现方式一样,手势应该与语言表达结合起来。如果你想让自己显得更强大,并占据更多空间，那么从练习手势开始比较容易。问题在于，大多数女性从没学过应该如何运用手势。原因很简单，小时候大人教导我们要文文静静地坐着，双手要叠放在大腿上。如果我们用手比画，别人就会说我们的情绪太激动了。因为害怕被人觉得不够淑女，或者太情绪化，我们走向了另一个极端——没有手势。

喜剧演员琼·瑞弗斯就是使用手势占据很多空间的人，因为她想要传达一种超群的信息。她的发型、化妆和手势都有助于这一信息的表达。除非你要做脱口秀，否则我不建议你效仿她。

另外，希拉里·克林顿就采用了政治家的典型手势。她的手势显得紧绷，而且几乎是有意识地使用手势，经常保持"斧头的样子"——你知道是个什么样子。在强调观点的时候，会重复地做空手道斜劈的姿势。可以预见她始终如一的手势会削弱信息的含金量。

手势应该与语言表达出的信息互补，而不是削弱。女性在这方面做得比较好的是克里斯蒂娜·拉加德，国际货币基金组织的总裁。她的沟通方式，包括她的手势，传递出富有权威的信息，同时还保持了优雅和女性的天生魅力。下次你在电视上看见她的时候，关掉声音，就那样注视着她。你会发现，那种无声的交流传递出的是自信，既没有瑞弗斯的轻率，也没有希拉里那种彩排的感觉。

指导小贴士

- 试着让自己的手势自然地配合讲出来的话，以及讲话时的感情。
- 注意！如果你因为焦虑而一边说话一边挥手——赶紧停下来！
- 手势应该与听众的规模相符。人数越多，动作越大。
- 利用手指列举你的观点，第一点、第二点、第三点，以此来对它们加以强调。

- 沟通顾问汤姆·亨舍尔建议客户"打破身影"。也就是说，站立时如果双手下垂或放在身体前面，在你的影子里就看不见你的上肢。为了占据更多空间，你的上肢就不要下垂或放在身体前面，而是采取其他合宜的姿势在影子里显出来。不管你是坐在会议桌旁，还是站在过道里聊天，都可以做到这一点。
- 做手势的时候要带有感情，空间的占用要洒脱自如。

这是我要做的事 ☐

错误 102 过于活跃或过于呆板

我有一个负责沟通方面的同事，加州伍德兰山沟通发展协会的总裁艾伦·维纳用"碳酸饱和"一词来形容一个人的活跃程度，其中不仅包括手势，还包括面部表情、语速和其他形式的肢体语言。我们都看过或者听说过"碳酸过度饱和"的人，他们的言谈举止就像一罐打开前被摇晃了几下的汽水。这种表现不仅会分散别人的注意力，也会让他们本人显得很不自信。在我看来，女性比男性更容易犯"碳酸过度饱和"的错误，因为她们老是觉得，自己有责任让每个人都高兴。结果，她们做得过了头，口头表达和肢体语言都显得过于活跃。

相反，如果哪位女性曾被人评价为过于喧闹或者情绪化，她就会反过来落入"碳酸未饱和"的陷阱，或者说显得单调沉闷、无精打采。为了不显得那么亢奋,她隐藏起天生的热情,走向另一个性格极端,这使她看上去有气无力、孤僻、厌倦一切。

女演员卡罗尔·伯纳特和朱莉·安德鲁斯之间的友谊深厚,这使得她们俩常常同台演出。在台上我们可以看到伯纳特的"碳酸过度饱和"与安德鲁斯的"碳酸未饱和"形成对比。特别是在伯纳特的事业早期,她夸张的面部表情和形体动作促使她成为受人喜爱的谐星。相比之下,安德鲁斯没那么活跃,她更加小心谨慎,保持着端庄矜持。这两种行为方式都没有传达出大多数职业女性想要传达的信息。

指导小贴士

- 如果你倾向于"碳酸未饱和",那就大点声说话。这样自然就会显得活跃了。
- "碳酸过度饱和"可能来自焦虑,因此不妨练习深呼吸和其他放松技巧,可以减少过度活跃的行为。
- 有意识地在"碳酸过度饱和"和"碳酸未饱和"之间保持平衡。要做到这一点,你可以用DV拍摄自己,拍摄的时候关掉声音。如果你站在会场外面,透过玻璃隔板往里看,你会怎么形容你看到的那个女人?

这是我要做的事 ☐

错误 103 做可爱状

这是个小错误，但是副作用却不小。说话时歪着脑袋这个动作，会降低信息的影响力。这个动作经常用来暗示你还有问题，表示你在倾听，或者鼓励别人给你回应。女性在讲话时歪着脑袋的现象比男性多得多，从这一点来说算是一件好事。但是如果你想传递直接的信息，这个动作可能被理解成不确定或者对你所说的话缺少承诺——即使你非常确定。对于女性来说，这又是一个习得性的问题，她们以社会认可的方式来讨论难题，这种方式却让她们显得不自信。

观察这一现象的最佳途径就是去看电视访谈节目。在一些主题通常是国际国内要闻，参与的人基本上都想传递严肃信息的节目里，你不会发现太多歪脑袋的场景——不管是主持人还是嘉宾。

但是如果你看一些老练的主持人，比如芭芭拉·华特斯、奥普拉·温弗瑞进行采访的时候，她们希望嘉宾完全放开，就会故意歪着脑袋。这样，就算她们问及一些私人化的问题，也不会让嘉宾觉得尴尬。因为歪着脑袋这个动作，会让嘉宾觉得主持人是真的对自己说的话感兴趣。相反，如果她们想让别人认真对待时，就不会歪着脑袋了。

所以，我的意思是不要教条地完全放弃这个动作，应视具体的情况而定。但是要提醒女性的是，当你处于谈话中的劣势，感觉讲话困难的时候，不必为了缓和一条本不该缓和的严肃信息而歪着脑袋。

 指导小贴士

- 当你传递一条严肃信息时，要避免歪着脑袋，而要敢于直视对方的眼睛。
- 要在对自己有利的情况下运用歪着脑袋的方法。例如，当你在听别人说话，并且想让对方无拘无束地交谈时，你大可以使用这个办法。或者，当你想让对方明白你理解他的感受时，你也可以用这一招。
- 当你们的交谈中断、出现沉默时，你的感受或许有点不安。这时，你也可以歪着脑袋，这就好像在告诉对方：别着急，我在听着呢！

这是我要做的事 □

错误104 化妆不当

化妆是件棘手的事情。一方面，我不认为广告业对女性外表的表现就是女性应该有的样式；另一方面，妆化得太浓或太淡，人们都会注意到。我曾经问过一位女科学家的老板，她能做些什么来克服现有的晋升障碍。这位老板若有所思地告诉我，她应该更有战略眼光，在会议上多发言，向她的下属提供更有力的支持。在一阵令人尴尬的沉默后，我觉

得他似乎还想补充点什么,我让他不妨直说。他又停顿片刻后,有点不好意思地说道:"也许她可以化化妆。"你可以把这句话当作性别歧视的表现,也可以把它当成你在职场晋升时一点宝贵的建议。

在商界,你不应该把 Lady Gaga 作为你化妆的参考对象。化妆是一种装饰,就像一件首饰或一条围巾,人们的确会注意到它,但化得太淡或太浓都会降低你的可信度。

 **指导小贴士**

- 到一家高级百货商店的化妆品专柜,寻找一位妆化得不错的售货员,向她咨询,就可获得免费的参考意见。
- 观察一下你周围妆化得恰到好处的同事或朋友,如果她确实值得你信任,那就向她咨询一下自己该如何化妆。
- 如果你真的不喜欢化妆,那么可以根据朋友或顾问的推荐,试着化一点淡妆。
- 去玫琳凯或者雅漾咨询化妆方面的提示。
- 背对着镜子站立,然后快速转过身来,看看你在镜中的面孔。你第一眼注意到的是哪里?那儿也许就是你化妆过浓或过淡的地方。

这是我要做的事 ☐

错误 105 发型不当

女性不能靠头发生活,但是没有它又不能生活。谁没有因为理了个难看的头型,或者染的颜色差劲,或者干脆就是糟糕的发型烦恼过呢?2006年,在化疗治疗乳腺癌的时候,我失去了所有的头发,这让我跟头发之间产生了全新的感情——现在我很高兴我又拥有了它!

据我所知,在职场这个环境中,女性在头发上最容易忽视的问题,就是把头发留得太长。我的一位顾问讲了个故事:当她获得了博士学位后,她想在单位晋升,于是,她向一位值得信任的,并且长期担任高级管理人员的同事请教晋升之道。那位同事看着她漂亮的齐腰淡红色长发,回答说:"你不是漫游仙境的爱丽丝,剪掉那头长发吧!"

虽然我不喜欢他给出的反馈方式,但是,真实的反馈毕竟是一件礼物,它会帮助我们成长。在一个男性占主导地位的环境中,长发突出了她的女性气质,削弱了她的可信度。我不确定她剪掉长发后是否就会立刻获得晋升,不过,她坦言,人们对她的态度的确为之一变。

指导小贴士

- 寻找一位优秀的美发师,不要舍不得花钱。提供便宜特价服务的美发店,并非寻找高水平专业美发师的最佳场所。
- 头发长度应与年龄成反比。年龄越大,在公司的地位越高,头发就应该越短。短发不仅是让你显得更加专业,而是长发更容易突出面部特征，随着年龄的增长，你对自己面部的自豪会越来越少。

- 如果你不想剪短头发，那就把它盘起来，这样也会显得比较利落。
- 发型和化妆一样，都是装饰，要让它们美化你的外表。
- 如果你的头发泛灰，考虑染个好颜色。如果是男性，不管是灰色还是灰白的头发，看起来都很有个性，但是对于女性来说，除非是纯白色并且发型很好，否则不会有什么好评价。
- 玛丽·米切尔在一篇题为"为成功而着装：9个小贴士拥有职业范儿的发型"的文章中，提到了以下两条：

　　1. 不要采用用大量发胶打造出来的过度卷曲的发型，它给人的感觉就像"穿着一条开衩到大腿根的裙子"。推荐更柔顺、亮滑的发型，因为它不会削弱女性的职业气质。

　　2. 不管你处于哪个层级，都要让你的风格跟工作场合的特点匹配。洛杉矶一家有名的酒店要求所有员工做到老练而低调（这样的话，他们看上去跟整体格调和谐搭配，而又不会抢了云集而来的宾客的风头）。一位人力资源总监这样跟员工说："想一想周六晚上你在夜总会里的头型是什么样的。等你来上班的时候，完全相反就对了。"

这是我要做的事 □

错误 106 衣着不当

现在有不少公司提倡轻松随意的文化氛围，这使职业服装的选择变得越发复杂。以前的职业装十分简单，女性穿礼服或套装上班即可。随着便装越来越为人们所接受，着装的错误也随之增加。有趣的是，一家大型食品制造商最近刚刚任命的CEO颁布了他的第一条明令，阻止职场休闲化。为什么他把这件事作为新官上任的第一把火，据说他认为周五上班穿得比较休闲，让人感觉周末已经开始，生产效率会因此下降。

这也是近二十年前我不喜欢一周中的任何一天穿着随便出现在办公场所的理由。有一位朋友指出，在很多公司，比如谷歌和苹果，员工一直穿着随便，你不能说那些公司没有效率，他们不能给投资者带来巨额的回报。记住这个准则：为你想要的工作而穿着，而不是为你现在的工作而穿着。短裙、性感服装、细锥高跟鞋、脏兮兮的鞋子以及不合身或皱皱巴巴的衣服都无助于你达到自己的目的——至少在商界不会。不管你喜不喜欢，人们注意的不仅仅是我们衣服的款式，还有其质量，即使你的办公室认为穿着可以随便。

这条规则是否有例外呢？当然有。我曾经与一家代理公司合作，他们有一套相当严格、保守的着装规范。当我指导该公司的女性时，她们就提出了着装的问题。在讨论中，她们不可避免地提到一名女性，她打破了上面概括的每一条规则。对此，我回答道："她是个例外，而我们当中有几个人能侥幸成为例外？"这位女性工作非常出色，在公司待了好多年，并且以行为古怪而闻名。由于她对公司的价值，人们不仅容忍她出格的服装，也容忍她出格的言谈举止。我们中的大多数人都不会像她那样侥幸获得成功，连试都不应该试。

你的穿着真的可能破坏掉你的应聘、升职和委派吗？是的，这就是那种你做对了不会得到夸奖，而一旦做错就会招人诟病的事。还再说一次，就像我的同事汤姆·亨舍尔说的："如果别人上班时都像周一早上的样子，而你上班时却像周五晚上的样子，那就是你的问题了。"

指导小贴士

- 观察自己公司担任高级职位的成功女性，她们就是你的着装典范。
- 宝洁公司的高级财务分析师尼克·鲍肯布希给出如下建议：如果你不知道某些衣着是否适合穿去上班，那很可能就不适合——所以，别穿。
- 即使你们办公室接受工作便装，你的穿着也要略好于周围的大多数人。
- 如果要向管理层或者客户作报告，那就穿上正式服装给他们一个好印象，这么做几乎不会有错。
- 去一些卖职业女装的大型商场，征询一下时尚的着装建议。
- 把购置服装当作对未来的投资。在自己每年的预算中，都要留出足够的钱购买几套真正上档次的衣服。如果你对自己的服装感到满意，做事情就会更加自信。
- 试着给自己作一个配色表。如果你的服装与你的自然特征相配，就会产生超乎想象的效果。
- 自由作家温蒂·艾伦为正在建立最佳职业衣橱的年轻女性提供了如下建议：

先着手购买这些衣服，因为它们适用范围最广泛，而且能让任何人显得职业化，而不是一身菜鸟范儿。

——正装长裤：在你的职业衣橱中，正装长裤可能是适用最广泛的服装，所以一定要选一款适合你的，并且要经过修剪保证合身。毛混纺最耐穿，每个女性应该拥有至少三条，颜色选择中性色，比如卡其色、藏青色、棕色、灰色或者黑色——可以一整周都穿着。

——西装外套：讲究的上衣也是每位女性的必备服装，因为穿上它能让任何人立刻变得更加职业化，更加严肃。棕色和米色不错，大多数专家建议买黑色、灰色或者藏青色。

——铅笔裙：黑色的铅笔裙或者A字裙是非常好的选择，容易搭配上装，从毛衣到西装外套，都会显得比较正式。如果黑色的衣服多得让你生厌，那么藏青色和灰色也是不错的选择。

——白衬衫：挺括雪白的衬衫是职业装的必备选项。经典缝制款式是最佳的选择，你也可以加几件有荷叶边的或者短袖的。数量以2件到4件为宜，要保证合身，你肯定不希望在办公室时走光或者纽扣脱落。

——黑色高跟鞋：适合工作场合穿的鞋子，应该首选舒适，价格可以略高。如果一整天或者天天都要穿一双鞋子，那么舒适性就是关键了。选择质量较好的黑色皮鞋，中跟为宜。最好是封口鞋而不是鱼口鞋。这样看起来既舒适又专业。

——职业套装：如果你的工作场所非常正式或者守旧，那么你需要买一套或者两套，在一周内换着穿。套装实际上会花掉你一大笔钱，不过你也可以和别的衣服搭配着穿，所以好处自然比单独一件上装要多得多。开始时选择纯黑色，或者藏青色，或者灰色。慢慢地，等你准备好再添一套的时候，你可以尝试不同的颜色和花型。就像正装长裤一样，合身对于套装来说非常重要，所以如果有必要，一定要花钱进行修改。

——讲究的上装：拥有几件讲究的上衣应该也是创建职业衣橱的关键。素色或者印花的可以跟西装外套和职业套装搭配，这样的话，从工作到夜间消遣换装非常方便。

——皮带：开始创建衣橱的时候，你需要至少一条黑色的皮带来搭配职业套装和正装长裤。慢慢地，你可以增加一些装饰性的皮带，或者跟衬衫、羊毛开衫和礼服搭配的腰带。

这是我要做的事 ☐

错误 107 一条腿压在屁股底下坐

我不确定我自己会不会想到这一点。它是南加州大学商学院院长道格·安德鲁斯博士提出来的。他有机会在课堂上观察学生，其中既有年轻人，也有年纪稍长的人；有男性也有女性。他把这条错误描述为："女性有时会用这个坐姿，盘起一条腿，把它压在屁股底下。"

安德鲁斯博士说，他从未见过男性有这种坐姿。女性这么坐着时，让人觉得她像个小女孩，而不是职业女性。最近，我在一家古董店看到一幅20世纪早期的照片，那是一个六七岁小女孩的肖像，她屈腿坐在自己的一只脚上，这让她自己和整幅照片都显得很柔和。

你自己也可以在电视脱口秀上看到这种现象。女性嘉宾出现时，坐在主持人旁边的椅子上，把一只脚压在屁股底下。你能想象前国务卿科林·鲍威尔、微软CEO史蒂夫·鲍尔默，或者纽约市市长迈克尔·布隆伯格也这么做吗？几乎总是女性嘉宾才这么做，她们这么做没感觉到不舒服，也没感觉到害羞。可能有点可爱，但是不专业。

指导小贴士

- 很简单。如果你想要别人认真对待你，坐着的时候，把双脚放在地板上，膝盖并拢。在相对放松的环境中，可以跷二郎腿。绝对不要屈腿坐在脚上。
- 记住，要"站稳脚跟"就需要"把两只脚放到地上"。

这是我要做的事 ☐

错误 108 当众打扮

你什么时候见过男性在午餐后掏出小镜子看看自己的发型？或者在开会时修指甲？想想都觉得荒谬。所以，当你当众修饰自己的时候，不管你认为自己多么小心翼翼，周围的人都会注意到，并且会产生许多想法。

女性的另一个不自觉的常见习惯，就是轻轻掠一下遮住耳朵的长

第七章 仪容仪表如何更得体

发。在低头阅读时，或者害羞甚至调情时都会这样做。想象一下，有那么一群人是"玩弄"她们自己的头发的。如果你是个少女，这么做没错。轻甩耳后的头发让你显得不够成熟。当众打扮会突出你的女性特质，降低你的可信度。真正的职业女性会避免当众打扮。

 **指导小贴士**

- 永远不要当众梳头发或者抹唇膏。如果你无法克制自己，那就暂时离开，到洗手间去做。
- 如果你真的到洗手间去打扮，动作要快点，不要让别人坐在桌旁等你。最好是等你回到办公室再去弄。
- 如果你从镜子或者类似玻璃的平面里看自己，并且发现外表有点不对劲，不要立刻就去修饰整理，等到没有别人的时候再去做。
- 不要无缘无故摸自己的头发。你可以这样警告自己：我摸自己的头发一次，可信度就会降低一大截。

这是我要做的事 ☐

错误 109　开会时把手藏在桌子下面

坐在会议桌旁与坐在餐桌旁是两码事。小时候大人教我们不要把胳膊放到桌子上,现在你不必遵守这条规定了。通过观察男性开会时的举止,我们发现,当自信的男性说话时,他总是把胳膊放到桌上,身体微微前倾。当男性听人讲述他感兴趣的事情时,他们便将胳膊肘撑着桌子,下巴放在交叉相握的手上。

而我们女性是怎么做的呢?我们往往遵照小时候的规则,在那里腼腆地坐着,双手叠放在腿上,或者干脆把手放到桌下。反差很大吧?首先,这样做可能不太舒服;其次,所有的调查都指出,要想获得重视,就需要"把手放到桌子上"。

指导小贴士

- 开会的时候,身体略微前倾,把前臂放在桌上,双手轻轻相握。这样不仅会让你显得对会议很专注,而且当你开始讲话并需要打手势的时候,这个姿势也是最方便的。
- 既然说到会议,我想在这里插入两句。开会时,要尽可能选择坐在房间里最有权势的人旁边。由于某种不可知的原因,那个人的力量会弥漫到周围的人身上。同时这也表明你对强大的力量毫不畏惧。
- 不要害怕坐在长桌子或椭圆形桌子的两端。这里指的不是感恩节的餐桌。从桌子两端,你可以看到房间里的每个人,同时,每个人也都能看到你。

这是我要做的事 □

错误 110 把眼镜挂在脖子上

这种习惯肯定是从 20 世纪 50 年代的某个图书管理员开始的。为什么是女人，而不是男人，买那些小链子把老花镜挂在脖子上？我们比男人更容易弄丢眼镜，还是我们只是更愿意让人们注意到我们正在变老的事实？在一些百货商店里，你甚至会发现这些链子是作为配饰陈列的。我必须承认，自从这本书的第一版发行以来，我就选了一条这样的链子来挂我的老花镜。但是……我从来不在职业场合使用，只是在购物、坐飞机，或者在家里工作时使用，这样我就不会弄丢眼镜了。

在一个发展演讲技巧的研讨会上，有一位显然已经 50 多岁的妇女，她在半小时的视频练习中一直坚持拿着老花镜。她不仅拿着它们，还在聆听观众提问时旋转着它们。而从始至终，她根本就没戴过一次眼镜。这让我相信，它们只是道具，而不是必需品。

冒着年龄歧视的风险，我需要再说一遍，不像男人，很少有女人发现自己的可信度会随着年龄的增长而增加。我正在进行一场单向的运动，试图通过成为如何优雅变老的榜样来改变这一点，所以尽管我不认为年龄是什么需要隐藏或撒谎的事情，但我也认为没有必要强调它。

 指导小贴士

- 如果你担心做报告时没法看清自己的文件，就用一种你不戴眼镜也能看清的字号把它们打印出来。使用幻灯片，可以帮助你集中

到自己的话题上，而且不用时常戴上或取下眼镜。

- 如果你需要一个道具，那就使用一支记号笔或者铅笔。拿着它们没有什么大碍，只要当心别敲打或旋转它们就行了，那样做会使别人分散注意力。
- 我的眼科医生教给我一个技巧，让我戴一副底部带老花镜的平光眼镜。为了掩饰自己的严重近视我会戴隐形眼镜，当我再戴一副底部带老花镜的平光眼镜时，这样看远看近就不用老是戴戴取取的。
- 说到眼镜的话题，你不妨记住这一点：如果因为自己太年轻，很难让别人认真对待你，那么你可以把眼镜当作一种道具，它会使你显得更成熟。即便你不需要矫正视力，戴一副装饰性的眼镜也可以给人一种更成熟的感觉。

这是我要做的事 ☐

错误 111　首饰戴得太多

饰品可以是你最好的朋友，也可以是最坏的敌人。我曾经看过一场视频会议，前国务卿奥尔布赖特做主讲人。当时她穿了一条缝制相当漂亮的裙子——跟那个场合十分相配——但是她戴了一枚巨大的胸针，正如她一贯的作风。对于我来说，这无疑削弱了她传递的信息。整场演讲中，我发现自己都在全神贯注地思考，到底她需要佩戴什么样的胸针来搭配她的讲话内容呢？

我已经学会使用配饰来处理我经常给人的非常严肃的印象。要是表达率性的情感，我就佩戴有趣的胸针。其中一个经常引起注意的胸针是三个头发蓬乱、衣着艳丽的女人手挽着手。我通常会传递"我很严肃"这一信息，但是我也喜欢跟旁边的人开开玩笑。当然如果人家说我太搞笑的话，我的策略就会有所不同。

精心挑选的配饰为保守的公司着装增添了风格和个性。它们传递着关于你的信息，这些信息仅仅通过言辞和形象来传递还不够。如果不合时宜或者略显过火，它会降低你的可信度。饰品会说话，要想好你希望它说些什么。

指导小贴士

- 别戴着长长的、晃来晃去的耳环去上班。根据你体型和头发长短选择耳环。耳环不要大于一个硬币。
- 在你的饰物里增加一串不太昂贵的珍珠项链和耳坠，它们永远不会过时。
- 饰物不仅要与服装相配，而且还要与你当天的工作相配。如果那天你只是和同事们一起待在办公室，一个奇形怪状的胸针就很合适；但是，如果你要作策略计划报告，就不要戴着它了。
- 同样，你面对的听众数量越多，你佩戴的饰品就越应该显得自信。你得保证不要犯下跟国务卿奥尔布赖特同样的错误。
- 采用我们在化妆小贴士里提到的方法，转身背对镜子，然后迅速转身，再观察自己的饰物。你发现自己的饰品中有什么地方特别夸张吗？如果有，不妨换一个。

这是我要做的事 ☐

错误 112 躲避他人视线

有许多因素导致一个人回避另一个人的目光。在某些文化中，当你与年长、更有权威的人或地位更高的人说话时，把头低下是表示尊敬。也有研究显示，回避目光接触标志着欺骗。当孩子们知道自己做了错事时，或者当他们受到责备时，他们就不会看着大人。

当一名女性回避视线接触时，这通常意味着她感到局促不安或缺乏自信。如果说眼睛是心灵的窗口，那么你就必须学着使用它们，让别人看到你的真诚、自信和博学，并且你也要用它们来看清别人。电视访谈节目是观察这一现象的好地方。好的主持人都学会了眼神接触的艺术。看一看她们是如何直视别人，尤其是问一些难题的时候。同样，当她们感觉尴尬，或者有人说了什么让她们觉得出乎意料的话，她们会把视线避开。这些女性之所以在这些方面做得出色，是因为她们在看着别人的眼睛时，通常能够感受对方的想法，而且下一个问题就以这个感受为基础。

指导小贴士

- 当你去看电影的时候，观察影片中比较自信的女性角色是如何利用目光接触来传递信息的。默默地记住产生这种印象的特定行为。

- 如果有人说你喜欢直瞪着别人，那么下次在谈话中，在你思考如何回答对方的问题时，让自己的目光略微往上或者向旁边移动一点。这样可以暂时中断长时间的目光接触，留下片刻舒适的停顿。

- 当你迎接别人的时候，一定要看着对方的眼睛，这就把你置于跟对方平等的地位上了。

这是我要做的事 ☐

第八章

如何从容应对麻烦事
—— *How You Respond* ——

到目前为止,我们已经研究了各种对你的可信度有危害的行为。在最后一章中,我们将考查你如何对别人作出回应。这些回应通常都是下意识的,以至于我们不会考虑到它们可能对我们和我们的职业产生的后果。同样,这些回应可能是由以前的经验和互动形成的,但这些经验和互动跟目前的关联已经不那么紧密了。

例如,许多被社会化的女性会以一种礼貌、温顺或者默许的方式回应别人对自己的不公正待遇。一名女性告诉过我一个很悲惨的例子,那是她七八岁时在电影院碰到的事情。那个时候,她和自己的堂兄堂姐们几乎每周六都去看电影。有一次,一个男人在她旁边的座位坐了下来,并开始骚扰她。她容忍这种情况长达几分钟,然后告诉她的堂兄堂姐她想换座位,但是却没有说明原因。他们换座位的时候,那个男人也跟着换过来,然后又继续骚扰她。她不敢动弹,只好忍耐下去,直到电影结束。

许多年后,她回想起这件事来,都不明白当时自己为什么没有让那个人住手或者直接向堂兄堂姐们求助。遗憾的是,她当时的反应在女性中并不罕见。我们所受的教育没有告诉我们,当别人对我们无礼时,我们应该怎样保护自己或表达出自己的愤怒。在我写的《女人,愤怒与沮丧:自我强大之术》(*Women, Anger, and Depression: Strategies for Self-Empowerment (Health Communications)*)中,我把男孩和女孩在处理愤怒时,人们对他们灌输的信息进行了对比。人们通常教小男孩自我保护,但是却教小女孩忍耐。结果,对那些不该发生的事情,我们就很有可能一忍了之。

丢弃年幼时得到的这些信息,我们就向享有权利的生活迈出了重要一步。

错误 113 在网络论坛上晒情绪

2009年康涅狄格州的一名叫丹玛蕊·索扎的护理人员在脸书上称呼她的老板为"人渣"。并用贬损的话语暗示他不具备当主管的资格。她所在的公司有一项禁止员工在网络上对同事或公司进行诽谤的制度,因此她很快就被解雇了。后来国家劳工关系委员会(NLRB)查明了这次劳动关系的终止的始末,表示相信这项政策存在越权,并对这家公司进行了投诉。NLRB最终发现这项政策违反了国家劳动关系法案中给予员工权利来"与他人讨论就业的条款和条件"的相关规定。

这是一个十年前我绝对不需要讨论的问题。即使法律不断变化以保护你的言论自由,使用社交媒体来表达你对任何人的不满也是愚蠢的。女性比男性更容易犯这个错误是因为:(1)女性更加情绪化;(2)女性使用社交媒体更多;(3)女性希望表现对他人的支持。之前提到过的救济机构的创始人帕梅拉·米切尔告诉我,她的一个客户就有这样的坏习惯,她用脸书抱怨她所有的不满。过去人们都说拿起电话跟某个朋友倾诉,发泄心中的郁结,而现在人们把自己的情绪发布在脸书上,并立即得到朋友和同事的支持。

随着技术的发展,你可以对别人说任何你想说的话,并在几秒钟内将这些话发给网络中任何和你有关的联系人。但一个明显的问题是,你的这些言论也留在了网络里,有可能任何有电脑的人都能看到。

 指导小贴士

- 不要把社交媒体作为你的私人惩戒坛。绝大多数情况你会被反咬一口的。
- 如果有怨言,直接跟当事人说明。这是成年人的行为。成年人不会背后议论他人的是非或做出匿名的评论。她们会有礼貌地让他人对她们的抱怨做出回应。如果这样做没有效果,她们会继续努力。
- 如果你对与你合作的公司或机构有合理的不满,使用公认的公共论坛,客观地描述你的关切。

这是我要做的事 □

错误 114 压抑太久,情绪不定

男人对某些女人的另一桩抱怨是,他们永远都不知道将要见到的究竟是她的哪一面。无法预测别人的反应是导致不信任的最大因素之一。我们会相信始终如一的人。他们要么对我们一直很友好,要么就一直很粗暴。这都没关系。无论如何,你都清楚这个人将如何对待你。

在很多情况下,前后矛盾的行为并不是优柔寡断的副产品,而是压抑太久的后果。乖乖女有时候就像靠蒸汽运作的老式暖气管。如果蒸汽开了太长的时间,暖气管就会爆炸。当乖乖女最终还是受够了,到了忍

无可忍的时候，她就会爆发——经常是对着某件无关紧要的东西。"压垮骆驼的是最后一根稻草"，这句话是有一定道理的。

当这种事发生时，我们可以说它类似于用高射炮打蚊子。相对于眼下的形势，所投入的情绪已远远超出了合理的范围。人们这时就会好奇我们的理性上哪儿去了，是不是月经不调，或者质疑我们的精神状态是否稳定。记得有一次私人心理治疗，我面对的是一位患严重抑郁症的女士。她把所有事都压在心中，觉得透露出自己在家中和工作上真正想要什么是一件很冒险的事情。有一天，她的丈夫慌慌张张地打电话来说道："你想想办法吧！她快要疯了。她要把家里的盘子都砸了！"相比她之前的样子，要在精神上得到改善，这样疯出来才是她康复过程中的第一步。

 指导小贴士

- 更多地尝试说出盘旋于心头的想法。压抑太久之后，等着你的不是抑郁，就是不期而至的一次爆发。在那一刻，说出自己的想法，或者至少进行一次成人间的对话，而不是冲动行事。

- 允许自己不用立即表态，而是在有时间冷静下来之后重新考虑。女人们告诉我，她们就是想不出该说什么来反驳，结果感觉很糟糕。你不需要反应迅速，但是你有义务在事情发生后尽快回来讨论你的感受，以及你希望将来发生什么不同的事情。

- 相信自己的情感。很多时候我们总觉得自己是在小题大做，从而忽视那些实际上让自己强烈不安的事情。很快，所有我们认为已经放弃的事情都变成了压垮骆驼的最后一根稻草。即使你不直接和让你有这种感觉的人解决问题，你仍可以和朋友谈谈你的感

受，并将这作为释放压力的一次机会。
- 在较困难的对话中，尝试使用第 90 个错误中提到 DESCript 的模式。这真的是一个很好的工具，可以帮助你延续对话，降低谈崩的可能性，并表达自己的看法。

这是我要做的事 □

错误 115　心怀怨恨

俗语有云："地狱的烈火也比不过被蔑视女人的怒火。"我曾经在一个公众论坛上提到过这句话，因此我被指责是性别歧视。瞧，这句话并不是我杜撰的，我只是想让你知道，当无法摆脱真实或想象中的蔑视时，人们是怎么想的。

很多年前，我应邀为两位女强人调解冲突，她们的矛盾已激化到无法与对方同处一室的地步。这让她们的老板（男的）左右为难，因为两人在公司的角色有所重叠，双方需要协作。老板所要的仅仅是她们能够在这个团队中友好合作，而她俩坚决表示一山不容二虎。她们的闹剧不只是让他苦不堪言，还招致了上级对他的批评："难道你就管不好自己的下属吗？"

首先我分别与两位女士进行了一对一的会面，了解她们对眼下局面的看法。和其他类似情况一样，这件事就像同一枚硬币的正反面，对导致僵局的原因双方各执一词。接下来是她们觉得非常痛苦的部分，两人被叫到同一个房间里,开始治疗的过程。要想消除怨恨,就不能纠结于过去,而应关注于需要推进的方向。在冲突调解中我只有一个基本原则:不要重提旧事,这绝对没有一点好处。很长一段时间里,来自他人的冒犯让你耿耿于怀。想翻过此页,你应当搞清楚自己想要从对方身上获取什么,自己又能提供什么。以下指导小贴士就是基于此前提而言的。

指导小贴士

- 不要让蔑视郁结不化,她们就是这样演化到矛盾近乎无法调和的。既然即时的、下意识对蔑视的反应经常会适得其反,把问题留到第二天再解决应该能让你有足够的时间去规划好如何交流。
- 在描述自己因何感到受蔑视时,从尽可能善意的地方出发,而不是一开始就满怀恶意。大多数情感正常的人都不想伤害你的感受,伤害你的事情往往发生在未经思考、匆忙或受挫的时候。先稍微宽容一些,直到你清楚了他们的本意。
- 为消除误会的面谈提前做准备。不要即兴发挥。谈话开始后,首先要清楚表达自己对争端的看法(而不是讲述发生了什么)。比如:"你未与我交流,就当着整个团队的面宣布我的部门在本季度的销售业绩中倒数第一,这真的让我非常难堪。"接下来,让对方知道你将来需要他们做什么。可以说:"如果你在数据出来时提醒我一下,让我能就此与销售人员进行讨论,将对我及我的团队保持积极上进有极大帮助。"最后,让对方知道你可以给予什么回报:"只要你这样做,我保证将努力工作,在下季度完成销售指标。"

- 谈话之后就要放下过去而着眼将来。

这是我要做的事 ☐

错误 116 全盘接受父母的影响

父母给予的各种信息会影响孩子的一生。在这方面,他们是负有责任的。当然,并非所有的信息都是负面的,但是它们的确影响了我们的自尊和人生观。不管是"就像你父亲一样,你会一事无成的",还是"你真是个可爱的小姑娘,你会长大、结婚,还会有许多孩子",这些信息都为日后我们自我实现的预言搭建起一座舞台。

这些信息并非总是通过语言表达出来的,有时候它们在潜移默化地影响着你的行为方式。在帮助客户时,我最先做的工作往往是帮助他们找出幼年时接受的那些信息,并检查它们现在对他们生活的影响。我们倾向于过度依赖父母那些或含蓄或明确的期望和要求,而不愿意放弃那些不再有效、对我们不再有利的信息。

举个例子。克劳迪娅是她家里七个孩子中年龄最大的。她的父母都酗酒,要依赖她来帮助抚养弟弟妹妹。就像许多从酗酒家庭成长起来的孩子那样,她具有高度的警惕性,非常负责任,并且总是保护着弟弟妹妹们。没有人告诉她必须做这些事情,她却做到了。在克劳迪娅初入职场时，类似的行为对她很有帮助。她的主管欣赏她对工作的主动性，对新团队成员的爱护和指导，赞赏她总能对影响部门效益的潜在问题或困难了如指掌。

但是，在她后来的职业生涯中，同样的行为却阻止她充分发挥自己的潜力。以前被视为对问题了如指掌，现在则被描述为过于严格。她乐于帮助新成员的行为曾经大受赞赏，现在却被视为冒昧和过度控制。主动性是她最大的优势，现在却被理解为哗众取宠、过于钻营，同事认为她的目的无非是想为自己带来更多的好处。

孩提时代的这些信息，尽管她的父母从没有真正用语言表达过，克劳迪娅仍把它们内在化了。由此可以想象，对于父母明确表达过的那些信息，我们更会全盘接受。在指导克劳迪娅时，我并没有让她停止她初入职场时行之有效的做法，而是提供了一套可供替代的行为，在环境需要时她可以从中作出自己的选择。例如，她没必要总是自告奋勇承担困难的工作，而是要意识到别人也可以从中学到有用的东西；她不必总是急于指出错误，而是可以放过一些小瑕疵，这样别人就可以从中获得教训，而且不会把她视为过分苛刻。

指导小贴士

- 问问你自己，你最大的优势来自小时候学到的哪些教导，你需要什么辅助行为来平衡这种优势。
- 在我们的头脑中，幼年时获得的信息就像一卷转动的磁带，不断提醒我们应该如何行动。当这些信息阻止你实现自己的目标时，你要利用自我交谈的技巧，抹掉磁带上的信息。如果它们留下的印迹过于强烈，很难抹掉，那就考虑进行治疗。

- 在醒目的地方贴上埃利诺·罗斯福那句著名的格言："没有你的认同，谁也无法让你感到卑微。"并且常常诵读。

这是我要做的事 □

错误 117　总认为别人比自己知道得多

贝蒂是一位富有实践经验的组织发展顾问。在成立她自己的咨询公司之前，她曾在一家全国知名的快餐连锁店的总部担任组织发展经理。因为有这两种经历，她完全可以被称为她所在领域的专家。有一天，她遇到了一个潜在客户，他想和她谈谈团队建设的问题。当这位咄咄逼人、无所不知的高管提出问题时，贝蒂开始认为，他需要的不是团队建设，而是他手下两位雇员之间的矛盾调解。

在这位高管解释完他想要什么以及为什么想要它之后，贝蒂指出，团队建设可能并非当务之急。她指出，当两名雇员之间出现冲突时，开展团队建设并不能带来想要的结果，还会将其他成员也牵连进他们的争端。这位高管听不进去，他也曾在过去类似的情况中用到过顾问，并起到了效果。他相信通过团队建设能使情况好转。

和其他许多顾问一样，贝蒂不得不在顾客意愿和自己的职业判断之间做权衡。她是应该放弃这个商机来证明自己是对的，还是想办法按照客户的要求来帮助这个团队？最终她选择了后者，为该高管的12人团队开展了为期两天的场外团队建设。她觉得他有可能是对的——他提出了一个令人信服的理由，让贝蒂愿意试一试。

最后事实证明，团队建设完全就是一场灾难。绝大多数时间都用来调解这位高管在第一次会面中提到的那两人的矛盾。起初，贝蒂把这两个人之间的较劲当作让在场的人学习的机会（比如倾听和谈判技巧），但最终整个团队对这种紧张的气氛感到厌倦，大家从心里开始打起了退堂鼓。一直到最后，那两个人都没能解决冲突，团队里的其他成员觉得简直就是在浪费时间。

贝蒂经历了这个惨痛的教训才明白，女性往往会低估自己的知识，她们更相信别人的观点而不是自己的智慧。从医生到汽车销售员，我们都认为别人知道得更多。贝蒂接受了高管的断言，认为他知道得比自己要多——结果是灾难性的。她在这家公司的信誉严重受损，而那位高管责怪她缺乏专业能力，却不承认她最初的判断和建议是正确的。从长远的眼光来看，她当时最好是对这一机会说"不"。我们与男性不同的是，当我们不明白什么事情的时候，就很容易承认自己的无知。但是，当我们都明白那是怎么回事儿的时候，却仍旧不能相信自己。男性告诉我们一些完全错误的东西，同时表现出任何女性都缺乏的权威感，糟糕的是，我们竟然就这么相信了。

 指导小贴士

- 在承认别人比你懂得多之前，问几个试探性的问题以确定他们的专业特长。例如："你为什么推荐那个？"或者："你怎么知道那个？"提出这些问题，至少表明你是不容易受骗的人。
- 在询问别人的意见之前，要肯定你真的需要这个意见。正如我们前面讨论的那样，对你知道答案的事情提出问题，会损害你的形象。

- 如果什么事情听起来或者让你觉得不太对劲,也许它就是不对劲。争取时间,好好想想别人的建议,之后再行动。

这是我要做的事 ☐

错误 118 照料其他人

在某一天的某一分钟,在地球的某个地方,总会有那么一个女性为这个问题伤透脑筋。我曾经多少次听见一个男性说:"我们让 _____(在空白处填上任何女性的名字)作记录。她的字最好看。"或者:"琳达,可以给我们准备咖啡吗?"仿佛这些事情真的很重要。在某些女性数量占据主体的行业中(我就不列出来了,想一想《穿普拉达的魔鬼》),支使下属做自己的私人事务的现象非常普遍。

在研讨会中,女性经常问我:"当有人让我为会议准备咖啡或者作记录的时候,我该怎么办?"我给出的简单回答就是,"别去做。"一口回绝很简单,然而更困难的是怎样避免这种事情再次发生。每当我们接受这样的任务时,我们都强化了职业女性不该有的典型形象,即她们的角色就是养育、照料和伺候其他在工作的人。由此产生的必然结果是,我们要么对自己的感觉不好,要么会为此生气。二者都不能解决任何问题。那么,你应怎样回应那些不合理的要求呢?下面的几个贴士可以帮助你应对这个问题。

指导小贴士

- 告诉你的老板你对这样的任务有什么感受，并建议大家轮流承担。如果他们告诉你，这不是什么大事，你就心平气和地说："对我来说是件大事。"
- 如果他们当着一群人的面问你是否愿意帮着复印资料或者做记录，你可以试着用一种中性的、不带感情的方式回答："我认为这次不该我做，因为上次就是我做的。"
- 把会议上的杂务列一个清单，建议安排给行政助理去做，这会证明你是一个优秀的"会议管理者"。
- 让团队的新人承担这些任务，并把这个习惯引入你们的部门文化中。
- 如果被支使着做某些杂事，要是有时间做，就让老板知道你很乐意做；但是如果你还得做好本职工作，那就表现出不想接受支使，因为这不是你受聘来这里的初衷。可能他们不想听到这一点，但是他们得考虑你的选择。如果你做了杂事，你会感觉不满；但是如果不做，就可能会被开掉。这由你来选择。如果杂事不断，就考虑换一份工作，或者请求调动，或者在特定的时段避开老板。

这是我要做的事 □

📧 错误 119 忍受不当行为

12月,为了一个发展项目,爱柏妮莎被调到公司总部的财务部门。她被安排在行政楼层的一间办公室——但当她到达时,却发现里面竟然没有台式电脑。她想,我只需给IT部门打个电话就行了。她把电话打过去,人家告诉她,目前一台电脑都没有,不过,如果她等上一周左右,应该就能有一台。她亲切地说"好的",选择等待。两个星期过去了,还是没有电脑。她又打了一次电话,IT部的经理道歉说,他的妻子刚刚生了小孩,事情太多,一忙就忘记了她的要求。本来该给她的电脑被分配给了另一个人(当然是一个男性)。这时候,已经快到圣诞节了,而她的办公室已经关了两个星期。

12月中旬,我在爱柏妮莎的办公室与她会面,她仍然没有电脑。她让我看了一张她写给IT部经理的便条:

我知道你十分繁忙而且人手不够。不过,我认为为了要一台开展工作所必需的电脑而等两个半月,似乎有点太长了。如果你能够尽快给我一台电脑,我将不胜感激。

这便条有什么问题呢?在我看来,它太体谅别人,太轻描淡写了,而且很不具体。下面是我编辑过的文本:

自从我第一次向你要个人电脑至今,已经有两个半月,尽管你多次许诺,我仍然没有收到电脑。这严重影响了我的工作,因此我希望最晚本周五能给我办公室配一台电脑。如果这不可能,或者电脑还没到,我将认为这是由于一些你无法控制的问题导致的,并且将请求你的上级和我的上级给予帮助。请在今天给我打电话再讨论这个事情。

这个便条描述了问题，解释了为什么这是问题，具体说明了想要的结果，指出了后果。它包括了错误 90 中 DESCript 描述的所有要素。

 **指导小贴士**

- 去上一个有关防身术的课程。通过保护自己的身体，你的思想将学会如何从口头上保护自己。
- 多使用含"我"的信息，少使用含"你"的信息。后者显得更有对抗性和指责意味，而不是指向问题的解决，注意它们的区别。

    原话："你总是打断我！"

    变通为："如果你能让我把话说完，我会很感激。"

    原话："你不能这样对我！"

    变通为："我不喜欢别人这样对待我，我希望能换一种方式对待我。"

- 别把委屈咽进肚子里，它们只会以不同的方式给你带来不良后果。当别人对你不够尊重的时候，养成习惯去问问自己有什么感受，然后以"我"的形式将信息表达出来：

    "当别人那样对我说话时，我感觉自己像个孩子。"

    "当我的观点被忽视时，我感觉自己没有受到尊重。"

    "我感觉自己正在被别人利用。"

    "我认为自己有权知道为什么我的要求遭到拒绝。"

- 如果你没有立即作出反应，这并不意味着你没有权利回过头来改变不合理的遭遇。当你猝不及防的时候，很难想出正确的措辞。因此，你有权以后再回过头来说："我一直在想昨天发生的事情，我希望把自己的感受告诉你。"

这是我要做的事 □

错误 120 过于耐心

"只要耐心等待,好运终将来临",这句话也许是对的,但是女性把这句格言发挥到了极致。如果把"没有耐心"一词用于男性,就意味着他是一个积极能干的人,总在忙个不停,或者随时准备前进。但是,如果把这个词用在女性身上,就意味着她有过多期望,自以为有资格,或者不明白周围都在发生什么事情。耐心不是女性应该具有的美德。

我的客户恭子被告知,她只需耐心等待,就会得到许诺给她的晋升。于是她等啊,等啊,等啊……六个月的等待之后,她的老板被调到另一家分公司。当恭子在他离开之前问到升职的事情时,老板告诉她新来的人将处理这个问题。当然你可以猜到后来发生的事情。新老板来了,但是对恭子升职的事情一无所知,而且他也不关心。在他需要优先处理的事务中,不包括升职这件事。

指导小贴士

· 会哭的孩子有奶吃,锈得"嘎吱嘎吱"叫的轮子才会得到润滑

油。一位主管告诉我,如果什么事有人催了他一次两次,他还可以接受,但如果催了三次,那就太过分了。但是,记住,你至少得催上一次,否则你就没有好好照顾自己。

- 如果有人说你没耐心,别相信。人家那么说只是不想让你打扰他。
- 如果有人告诉你要更耐心点,就问这个人,你应该什么时候再过问这件事情。如果对方提出的时间太遥远,就敦促他给出一个让你满意的时间框架。"一个月的时间比我预想的(或者我们原来说好的)要长得多,为什么我们不定在两周之内呢?"
- 如果要求你等待的时间比你认为需要的时间长,问一句:"为什么要这么久?"也许就会有一个合理的原因;如果没有,你还可以提出其他选择。

这是我要做的事 ☐

错误 121 接受没有前途的任务

不管是男性还是女性,在自己的职业生涯中,都会遇到这样的事:被派去干那些前途无望的事。接受还是不接受,这是一个大问题。而答案是:见机行事。不要因为你觉得别人认为你应该接受这项任务,或者你不想显得自己不知好歹,就匆匆忙忙地把事情揽过来。你不知道会有什么结果,也许它真的是没有前途的。

我曾经指导过一名年轻的女性，公司提出想把她调到一个偏远的小分公司，当时那个分公司正在亏损。她急于证明自己能够扭转乾坤，并想作出一番成绩，以便为今后获得更大更好的任务打下基础，于是想都没想就把这项工作接了过来。但事实是，只要稍微调查一下这家分公司以及她的前任，她就会发现，前任离开是有传言说这个分公司将被出售。她在那里只干了八个月，这项交易就被公布了，结果她只得卷铺盖走人，到一家规模和声望都比原来那家逊色得多的公司工作。在我看来，公司之所以会让她去那里工作，因为她是女性，她很年轻，也很天真。

指导小贴士

- 在未作调查之前，不要接受任何重大的任务。弄清楚公司对某个特定的部门或分公司有什么计划，公司里的其他人对这项任务怎么看，为什么这个职位空着，做完这个任务以后会带来什么后续任务。
- 宁可拒绝一项没有前途的工作而得罪领导，也别轻易就接受别人做得很失败或者正在走下坡路的任务。只有提前做足了工作才能知道实际情况。
- 在决定是否接受一项看起来没有前途的任务时，考虑下面五个因素：
    1. 通过它可以进入高级管理层。
    2. 在 12~18 个月内有潜在的晋升机会。
    3. 你有扭转乾坤的独特技能。
    4. 通过它，你可以扩展自己的关系网。
    5. 你不会因此损失什么。

- 同级调任常常是获得新技能的好机会，但是也会耽误你向上晋升的机会。如果按照当时的情况来看，你没有升职的可能，或者组织正在扁平化，那么同级调动就是一个好机会。否则，就应该四处打听一下，处于同样情形的男性获得了怎样的待遇，而你自己能否获得相同的待遇。

这是我要做的事 □

错误 122　无条件地优先考虑他人的需求

作为女性，我们经常发现自己的需要被置于其他人的需要之后。不管是照看伤残的父母，还是把你自己的教育计划推迟到丈夫完成学业之后，或者因为孩子要求你为他们做什么事而取消你自己的计划，结果都是一样的，你的需要得不到满足。当然，有时候这是无奈之举，或者只有这样做才正确。但是，如果这成为很平常的事情，成了你一贯做事的常规，你就该审视一下，究竟是什么原因导致这一情况的发生。

在职场中，当资金、特权或机会有限的时候，我们就会看到类似的情况出现。女性希望一切公平或者想要表现得仁慈善良，因此会压制自己的需要或者降低自己的期望值。很快她就会发觉自己根本就毫无选择，却没有意识到，是她自己造成了这种局面。

 **指导小贴士**

- 经常问问你自己,弄清楚你需要或缺乏什么。很多时候,女性都习惯否认自己的需要,结果她们再也不知道自己要什么了。
- 在下班回家时挤出 20 分钟,为自己做点什么事。你可以去图书馆看看书,到公园玩一玩,听听音乐,或者用手机给朋友打个电话。
- 学会讨价还价。多熟悉一些谈判技巧是非常重要的,你可以通过读书或进修来得到此类知识。研究已经证实,要求多的人得到的也多。把你的需要像香肠一样切开,每次只要求获得一小片,你就更有可能让自己的全部需求得到满足。
- 不要仅仅因为事情很简单,或者你不想兴风作浪,就放弃自己的需要。从这一点来说,读一读我和卡罗尔·弗罗林格写的《乖乖女得不到》会很有帮助。我们提供了一些切实可行的解决方案,帮助你获得生活中最想得到的东西。
- 告诉自己,满足自己的需要并非自私,即使这有可能给别人带来不便。不断重复这句话,直到你对此深信不疑。
- 确保在工作之外你还有属于自己的生活,工作狂往往缺乏个人生活。

这是我要做的事 □

错误 123 怀疑自己的力量

当我开办自己的私人心理治疗诊所时,我刻意选择洛杉矶的闹市区作为办公地点。我想为广大商界女性提供服务,她们一生中的大部分时间都在这座城市的公司里工作。我的客户都是受过良好教育的成功女性。她们还有一个共同点:都看不清或者不承认自己的力量。

她们常常向我倾诉,在工作中她们是如何被利用、忽视或者以其他方式受到伤害的。这时候,我常常会问这样的问题:"像你这样有影响力的女性,为什么允许别人那样对待你呢?"她们的反应是否认自己的强大,典型的回答是:"强大?我一点也不强大。"这也成了我的第一本书《女人,愤怒与沮丧:自我强大之术》讨论的焦点。

当我细细审视这一现象时,问题变得一目了然,女性否认自己拥有力量。这是因为她们在成长的过程中接受了一些负面信息,即力量总是与男性联系在一起的,因此力量是一个属于男性的词汇。她们所理解的力量,与那些具有控制权的人有关,而她们知道自己没有控制权。只需看看位于大多数公司顶点的人是男是女,就能证明这一点。到我撰写本书为止,在美国的1000家大型公司里,只有4.5%的公司是由女性担任最高领导职务的。如果今后某一代人中的女性看到这本书时,可能会怀疑这个比例的真实性,这才说明女性真的成长了!

以胡安尼塔为例,她就是因为否认自己的个人力量,结果发现自己变得十分沮丧,职业热情在消退。她是一名律师,为洛杉矶最著名的律师事务所工作。她在这里工作了五年,但似乎一事无成。那些比她后加入这家事务所的男性律师,虽然比她年轻,经验也不如她丰富,但却获得了一些备受瞩目的案子，有时还会得到更多律师的协助。不用说，这些都让她产生了沮丧和权威不够的感觉。最终，这些造成了恶性循环——当她在自己的沮丧中苦苦挣扎时，给她的"肥差"就更少了，这反过来更加剧了她的沮丧。

我们探讨为什么其他律师在事业上似乎超过了她的时候，胡安尼塔表现出听天由命的态度，认为原因在于，这个事务所不过是一个"老男人俱乐部"，她无法改变这种状况。换句话说，她感到无能为力。当我暗示她，即使在这种情况下，她也比自己想象的更有力量（这种力量也很容易获得），她却仍旧否认。

胡安尼塔是家里六个孩子中唯一的女孩，这是个不容忽视的事实。她的父亲是墨西哥移民，他以一种传统的方式管理家庭，重男轻女，认为胡安尼塔"不过是个女孩"。因此，我对胡安尼塔的指导，就是帮助她找到并定义自己的力量品牌。我知道，如果没有找到这份自己的力量，她就会继续沮丧下去，最终既没有机会改善现在的工作环境，也没有机会另找一个可让自己更受尊敬的工作。

就像许多女性一样，胡安尼塔不得不重新定义"力量"一词。她知道自己的父亲和兄弟都有力量，而她与他们毫无相似之处，因此她肯定是没有力量的。我们深入地讨论了不同类型的力量。对于女性，力量并不是控制他人，而是控制自己的生活。否认自己独特的力量品牌，就会抹杀自信，并且继续不正确地自我设想。短短几个月的磕磕绊绊之后，胡安尼塔逐渐学会向自己的家人和老板表达自己的需要，这时，她的沮丧慢慢减轻，她终于明白，拥有力量才能把握个人生活方向。

 **指导小贴士**

- 读一读我的另外一本书《女人，愤怒与沮丧：自我强大之术》。它可以帮助你识别童年时代接收的关于力量和愤怒的教导，然后找出以更强有力的方式来展现自己的方法。
- 重新定义力量，你拥有的控制力比你想象的要多。例如，当你受到剥削的时候，你可以选择说"够了"，你也可以选择对不合理的要求说"不"。
- 使用自我交谈或张贴宣言的方式，重新确定你对力量的看法。例如，你可以写道："我选择自己有多大的力量，我就有多大的力量"，或者"只有我才能确定自己有多大力量"，把它贴到只有你能看到的地方，有空的时候不妨默念一下。
- 如果有人说你有力量，即使当时你并没有感觉到自己的力量，也以得体的方式接受这种夸奖。久而久之，这样的信念便会成为你自我信息的一部分。

这是我要做的事 □

错误124　甘当替罪羊

伊娃是一家著名公司的人力资源代表。她正在为一位员工提供咨询，这位员工是一位女士，正在为与一位非常难缠的副总裁的关系而烦恼。有一天，伊娃自己的老板——人力资源部的副总裁给她打来电话，告诉她说，那个非常难缠的副总裁想解雇那名职员。伊娃提议自己给那个副总裁打电话，安排他与那名雇员见面，目的是促进对话。但是，伊娃的老板想维护自己的权力，就没有接受她的建议，而是说由他去安排会面。伊娃也理解这种情况下涉及的利害关系，便同意了。

在这之后，伊娃没有听到这次会面的任何消息，她给自己的老板打电话，并且留了一条信息，询问他是否安排好了会面，却没有得到任何回音。于是她又给他发了一封邮件，还是没有答复。根据她从别人那里听到的消息，似乎这件事的情况已经有了好转，伊娃以为这次会面没有必要安排了。然而有一天，她接到了那个雇员的上司打来的电话，说他想马上见面。当伊娃来到会面的地点时，发现自己的老板也在场。那个雇员的上司正在为伊娃没有安排会面而大发雷霆。而伊娃的老板呢？一声不吭地坐在那里，仿佛全然忘记了当时是他坚持要亲自安排会面的。在接下来的40分钟里，那个雇员的上司对着伊娃大声咆哮，指责她不称职，而伊娃却不能说任何话来缓和他的怒气。

这是一个进退两难的处境。如果伊娃告诉他，自己的老板说过由他亲自安排会面，那她就会失去自己老板的支持。如果她不说，她就得做替罪羊。她决定，与其让两个副总裁都对她发怒，不如就当替罪羊好了。

指导小贴士

- 婉转地让人们知道你不喜欢做替罪羊。伊娃应该做的，是在会面之后和她的老板谈一谈，让他知道他未能支持她的工作。她可以不带任何怪罪或责怪的语气对老板说："我对刚才发生的事情感到迷惑。按照我的理解，你是想自己安排会面的。我给你留了几条信息，却没有得到答复。"在这种情况下，她的老板只有两种选择，高姿态的反应是承认他的失误并且道歉。不过，根据他在会面时一声不吭地坐在那里，让她当替罪羊的反应来看，他是不会采取这种认错的态度的。更现实的推测是，他会坦然告诉伊娃，把事情管到底是她的责任。但是不管他以哪种方式做出反应，这样的谈话都会让他知道，伊娃不喜欢做替罪羊，这也是防止这种事情再次发生的最好方式。这是不是说不再会发生这样的事情了呢？不是的。除非伊娃让他知道，她明白自己做了替罪羊，并且不愿意总是默默不语地承担不公正的指责。

- 下面这些措辞可以帮助你避免成为替罪羊：

  ◎ "没有必要怪罪或者指责谁，但是我想让你知道，我是按指示行事的。我们为什么不把注意力集中在如何前进上呢？"

  ◎ "如果不是你想要的，我很乐意重做这份报告，但我想说明一下，这份报告是按照我们关于保密信息的政策准备的。"

  ◎ "如果我们大家能聚在一起回顾一下这个过程，对我将会有很大的帮助。似乎不同的部门对最终产品有不同的想法。"

这是我要做的事 ☐

第八章 如何从容应对麻烦事

错误 125 接受既定事实

你的办公室正在重新设计工作空间。在你们部门，可分配给你这个级别的工作人员的，有两间带窗户的大办公室和三间较小的办公室。当分配计划下来时，你发现自己被安排到了一个小办公室里，而另一个男同事虽然在公司待的时间不如你长，却分到了带窗户的大办公室。当你和负责安排空间的部门人员商量的时候，他们告诉你："太晚了，计划已经交给办公室服务人员了，他们在下周就要安装电话和电脑了。"

如果你接受了他们所说的话，你也就接受了既成事实。这是人们不愿意改变自己的计划时所使用的交际技巧。如果用这个来对付女性，他们通常是指望你不要和他们争论，而且会把它当作既成事实来接受。保险公司在解决一个索赔时，会在与你商量之前就给你寄来一张支票。他们指望你直接去兑换支票，而不是自找麻烦地核实数目是否正确，以此来给他们找事儿。

在这个问题上，女性远比男性更容易上钩。不管是让你接受一个低于你期望值的业绩等级，还是给你安排一个不方便的度假时间，如果他们告诉你"本来就是这样的"，而你就接受了，那么你就等同于毫无怨言地接受了比你应享权利更低的待遇。如果你像大多数女性一样行事，你就会设法将这个决定合理化，并且最终相信这就是你真正应得的待遇。如果你不想这样，那就使用下面的小贴士来提高你的谈判技巧吧。

指导小贴士

- 如果你觉得某件事情对你很重要,那就不要只会毫无反抗地接受。有时候的确不应捡了芝麻丢了西瓜,但是,如果事关原则,你就必须努力争取。
- 在抱怨之外加上一个计划好的解决方案。就拿上边的例子来说,你可以这么回答:"既然下周才开始,那么现在提出来还不算晚,电话还没有移动。我建议根据资历或者其他客观因素来分配办公室。"
- 运用"破唱片"技巧来反驳既成事实。就像一张划坏的唱片一样,你可以使用不同词汇重复你的要求,如果有必要,就尽可能多重复几遍,迫使对方参与对话。例如:

办公室分配人员:太晚了,计划已经交给办公室服务人员了,他们下周就要安装电话和电脑了。

你:既然下周才开始,那么现在提出来还不算晚。电话还没有移动。我建议根据资历或者其他客观因素来分配办公室。

办公室分配人员:我已经把所有的计划和变动要求交给办公室服务人员了。

你:这个要求也许会给你带来不便,但是他们还没有开始行动呢。我敢肯定,根据更公平的分配方法,还是可以进行调整的。

办公室分配人员:我真的没有时间重新计划了。

你:一旦我们在合理的分配方法上达成一致,我会很愿意帮你作计划的。

办公室分配人员:我没有权力做改动。

你:谁有权?我可以和他们说,或者我们可以碰个头一起解决。

"破唱片"方法并不能总让你获得预想的结果,但当你心平气和地使用这种方法时,它还是比较有效的。

这是我要做的事 □

错误126　允许他人的错误给自己造成不便

这个故事是替罪羊和浪费时间那两个主题的变体,会告诉我们由于老板的失误,女性员工的工作遭遇了怎样的极大不便。

玛丽亚是一名内部效率专家,她在一家防务公司的各个分公司之间穿梭,为确保程序通畅提供意见。这天,在她去某个特定地点之前,她的老板告诉她,这家工厂想要的只是一个培训课程的大纲。她准备好大纲后与工厂的经理会面,那个经理对她提供的大纲过于简短感到失望。他期望的是一个完整的教学大纲,并附有相关资料,而且还要由她来推动培训课程的进行。玛丽亚得体地告诉这个经理,据她所知,他需要的只是一个大纲,不过她会向她的经理再核实一下这到底是怎么回事儿。

当她给她的经理打电话时,他告诉玛丽亚按照工厂经理的要求去做就行了。玛丽亚被他说得目瞪口呆。作为一名效率专家,她已经根据其他工厂的要求制定了自己的工作时间表,已经没有时间准备工作量这么大的项目了。当她的老板重申需要给工厂经理他想要的东西时,她意识到，在接下来的几个星期里，自己将要加班熬夜，并且周末也不能休息。由于玛丽亚的老板没能问清那个工厂的经理到底需要什么，结果给她的工作造成了极大的不便。

玛丽亚非常明智，她知道自己必须做这项工作，但是她也想确保以后不再发生类似的事情。尽管她本可以和老板直接说出自己的看法，不过她感觉这样做太有对抗性了。于是，在老板下一次给她安排任务时，她就说："这次让我弄清楚他们到底需要什么，我可不想再出现上个月那样的情况，没有准备好就跑过去。"然后她重复了一遍她对他们的需要的理解，并补充道："如果我到那里之后，发现他们的要求更加复杂，需要我另外抽出更多时间来做，我会让工厂经理知道我们不得不重新安排他的项目时间，你支持我这样做吗？"太棒了！她巧妙地让老板知道，她不希望上次的事情重演，并且不打算为老板的失误承担责任。尽管她无法控制今后老板会怎么做，她却能够竭尽全力地防止这种错误再次发生。

指导小贴士

- 如果因为别人的错误而导致你必须完成不合理的工作，就要好好评估一下这样做的利弊。有时候，跟玛丽亚的情况一样，你除了加班加点满足顾客的需要外，别无选择。但是也有一些时候，你会有一定的活动余地，可以把事情推回去。例如，你可以这么说："这不是我们最初讨论并确定的计划。我不得不重新来过，这会比我预计的时间长很多，因此，我无法在最初敲定的时间内完成。"

- 在为纠正别人的错误而不得不重新安排自己的生活之前，试着商量出一个双赢的解决方案。让对方知道你想要尽可能提供最好的服务，但是要做到那一点，你可能需要更多的时间和资源。以合理的方式，要求对方为你提供完成这些工作所需的东西。

这是我要做的事 ☐

错误 127　拖到最后一个发言

这个错误对女性来说可是个大问题。二十多年来，我举办过各种研讨会，执行过各种团队建设项目，既有专门为女性开设的，也有男女都参加的。在这些项目中，我们通常会做一个练习：给小组一个问题，但是解决问题的指示却模棱两可，然后看参与者如何反应。参加这些练习的总人数实际上有好几千，但是，在男女都参加的练习中，由女性最先发言的次数屈指可数。

有男性在场就退缩不前，这是女性容易犯的一个重大错误。不管参与的人数多少，早发言和经常发言的人与后发言的人相比，都被视为更可靠，更敢于冒险，并且拥有更多领导潜力。在会议上早点发言不能跟爱出风头或者盛气凌人相混淆。你也不必担心别人指责你的发言空洞无物，我会在小贴士中给你一些建议，以避免这种事情发生。实际上，你越是等到最后发言，你想说的观点就越有可能被别人说出来，你本该赢得的欣赏也就被他们夺走了。

指导小贴士

- 在一群人中，你要做前两个或前三个发言人之一，然后每隔10～15分钟再发言。
- 如果你不是首先发言的人，那么一定不要做最后发言的人。
- 不必每次发言都给出一个新观点。支持别人说的话，提出合理的问题，或者对新出现的话题作一番评论，都会产生很好的效果，也不会让你的发言显得空洞无物。

这是我要做的事 □

错误128 打性别牌

我还有个职业，就是平等就业专家。这个职位的职责是调查和回应投诉，内容包括从性别歧视到违反美国康复法案的种种行为。90%的案例都有一个共同特征：不是歧视，而是管理不良。不管你喜欢不喜欢，管理不良都不属于违法行为。尽管也有法律保护那些提出歧视索赔的人免遭报复，但我从未见过一个索赔对任何人的职业生涯有帮助。虽然不一定都会造成伤害，但是也对你没有任何帮助。

我从来没有怀疑性别歧视在女性就业经历中的真实存在。除非是在非常恶劣的情况下，歧视是如此众目睽睽以至于无法为自己辩护，很多公司都在竭尽全力来维护自己的声誉、管理和员工。我清楚地记得在得克萨斯州调查的一起案例，一位女性说她被老板歧视了，就因为她是女性。她声称她的老板在她的同事面前，对她进行口头谩骂、诋毁并且使她难堪。对近20名员工的采访显示，他不仅对她这么做，他对每个人都这么做。公司以此作为辩护，赢得了这场官司。这件事结束后，老板只受到了轻微的处罚。

还有一个案例。一位女性上交了一份内部投诉，说在进行任务分配时，跟男性同事相比，她受到了不同的对待。尽管我的调查表明她是正确的——她受到了不同的对待，而且没有其他明显的原因，只是因为她是女性——这家公司还是选择支持管理人员的决定。她向平等就业机会委员会上交了投诉，但在进入调查阶段前，她被停职了。委员会花了近一年的时间来调查她的投诉，最终判她胜诉，并恢复职位，全额返还自停职日至复职时的工资及福利。的确，她回到工作岗位了。但是，你应该能想象得到，她最终无法忍受那种不舒服的感觉，主动辞职了。她可能赢得了一场战役，但是输掉了整个战争。

虽然你没有走到去正式提交关于性别歧视的内部或者外部指控的地步，在公开场合"制造噪音"的女性也会被视为一种无礼——人们会突然对你感到不舒服。他们在你身边会变得不同，对待你也会更加小心。在大多数情况下，这与女性想要的——被公平对待——背道而驰。这就是为什么我强烈建议女性在打性别牌之前探索所有其他可行选择的原因。

 指导小贴士

· 在提出存在性别歧视之前，试着从客观的角度看待这个问题。例

如，你在一次升职中受到忽视，不要从一开始就得出结论，因为自己是女性所以结果如此，这会让你越走越偏。相反，你应该问问你的老板和人力资源同事，为什么你没有晋升，你以后该怎样做才可获得晋升。

- 别想单枪匹马改变这种体系，你最终会变成殉道者。如果还有很多女性也有与你相同的感受，那么你们就可以组成一个小组来调查这个问题，客观地说明问题，然后寻求解决办法。
- 在对公司里的任何人说出有关性别歧视的担忧前，先多花点时间好好地考虑一下。公司对这样的问题不会轻视，许多公司都采取了严格的"零容忍政策"，这意味着，任何有关歧视的说法都会立即受到彻底调查。一旦你推动了这个球，就不可能让它停下来。
- 如果在你目前的工作场所，性别问题是你通向成功的唯一障碍，你只有三个选择：第一是忍耐，我不推荐这种方式，它只会进一步降低你的自尊；第二是寻求正式的内部渠道解决这个问题，也许能获得你想要的结果，也许不能；第三是离开，这是你可以真正控制结果的唯一选择。

这是我要做的事 □

错误129　容忍性骚扰

任何女性都不应该容忍性骚扰，毕竟这不同于性别歧视。性别歧视是指因为性别不同而做出不同的决定；而性骚扰则是指无视女性的意愿，提出性要求或者迫使女性忍受恐吓、敌视甚至是侵犯性的工作环境。性骚扰不会让你的处境变得像投诉性别歧视那样尴尬，因为大多数精明的雇主都知道，女性不会频繁或轻率地提出这种指控。

在这个问题上，许多律师普遍采用的规则是"一口苹果"理论。你的某个同事有机会邀请你约会，一旦你说了"不，谢谢"，这个人就算是咬了一口苹果，不能再说什么，而如果进一步提出要求，就可被视为性骚扰。如果同事是你的上级，情况就更不同了。所以，如果你对另一个人没有兴趣，你有义务明确表达自己的意愿。

指导小贴士

- 对于交易性质的性骚扰，你首选也是最佳的手段就是明确告诉骚扰者，这种行为是令人讨厌、不受欢迎的。至于让工作环境变得不舒服或具有胁迫性的骚扰，你也应该以同样的方式，清楚地告诉别人，你不想听那些玩笑、影射的话或者评论。一旦你说"不"或者"住手"，这种行为就不再被社会所认可，而构成性骚扰了。

- 如果这种行为没有立即停止，就向你的人力资源部门寻求帮助。如果你只想停止这种行为，并不做进一步追究，在绝大多数情况下，他们会与当事人谈话，然后事情就此了结。重要的是，你要从头至尾都保持不能容忍性骚扰的态度。不能让这件事给人留下这样的印象：你原本喜欢这种行为，别人得到了暗示才采取行动，但是后来你却改变了主意。

- 如果在与人力资源部门谈话之后，这种讨厌的行为仍在继续，或者如果有任何形式的报复，你就要考虑提出正式的内部控诉。在这种情况下，公司很可能会对你的陈述展开调查。结果多种多样，骚扰者被口头警告、被调走或者被解雇的可能都会有。

这是我要做的事 □

错误 130　喜欢邮件大战

感谢艾米·弗兰克告诉我的这条多数女性都会犯的错误，就是相较于当面沟通，她们宁愿用写邮件或发信息的方式来理论。我必须承认我也打过几轮邮件大战。这种类型的互动很少令人满意，也从来没有成效。恶意匿名邮件当时会让你觉得痛快，但如果你跟我一样，事后你会后悔没有使用更直接的途径。很少有例外。

我们花一分钟时间来回顾一下交易关系与私人关系之间的区别。前者是在一次性或不频繁地交换商品或服务，然而私人关系是一种长远的关系，联系着我与我所认识、我所喜爱或者出于这样或那样的原因我生活中所想要或需要的人们。你可能会选择写邮件给交易关系中的某个人来处理问题。它可能会起到记录的作用，或者对你的顾虑进行详细的澄清。这当然是可以接受和理解的。

另一方面，如果你也这样处理你的私人关系，你很可能将问题升级并恶化你们的关系。在这种情况下，如果你交流时表现得不恰当、粗俗或刻薄，你的邮件就会成为他人日后用来攻击你的武器。

指导小贴士

- 在使用书面交流的方式处理问题时，要做到客观、礼貌、专业。如果有些事你不想当面说，那么也不要在邮件、信息或信件中说。
- 如果一个问题通过两个来回的信件往来都未能解决，那就该使用面对面的解决方式。这也是你想保持礼貌的另一个原因。
- 如果收到不得体的信件，避免以其人之道还治其人之身的情绪。把自己降低到和那种人一样的水准最终只会适得其反。
- 讨论问题或事情的信件不要抄送给你通讯簿中的所有人。这是在解决问题，而不是要别人选择支持谁。

这是我要做的事 □

错误 131　爱哭鼻子

你肯定猜到我早晚会说到这个问题。你不需要获得任何一个学位就知道，许多女性在高兴、难过、沮丧、生气、阳光灿烂或不舒服的时候都会哭。你懂的。尽管大多数女性知道她们不应该在上班时哭，有时候她们就是忍不住。你不需要我举例子了，因为在你的职业生涯中，你要么看见过，要么自己这么做过。让我们直接切入要害吧，你该怎样尽可能地减少这种事情的发生，或者怎样专业地从哭泣中恢复过来呢？

指导小贴士

- 别用眼泪代替愤怒。女性经常哭是因为她们接受的教育告诉她们：愤怒不是淑女的举止，愤怒是不可接受的。当你感觉眼泪往外冒的时候，默默地问一句：我为什么要哭？

- 如果你真的控制不住，在上班时哭了出来，就立即请求暂时离开。别坐在那里大哭大叫，这只会让人们觉得不舒服。暂时离开，独自镇静一下，就可以让其他人摆脱不知所措的困境，他们会感激你的。你也可以让这句话成为你要哭之前的既定反应，"我听到你说的话了，给我点时间考虑一下，然后再给你答复。"

- 心理治疗师和商业教练苏珊·皮卡奇亚为她的客户提供了四点诀窍：

    ◎ 化眼泪为语言，把注意力集中到问题上，而不是你的感受上。你可以说这样的话："你们也看见了，我对这件事情有强烈的感受。为什么我们不关注具体结果，来真正解决这个问题呢？"

    ◎ 别被那些煽情的人道组织（医院、非营利组织等）引诱，以为在职场中哭一哭没事儿。哭泣给别人留下的印象是，你不能控制自己，能力不够，并且脆弱。我们当然希望工作场合容得下这些人性的真情流露，但是事实上我们看不到这样的宽容。人们对于在工作场所哭泣的女性会产生负面联想，在这个问题上，其他女性同事也并不比男性更富有同情心。

    ◎ 如果你发现自己经常而且很容易热泪盈眶，你也许需要和一位好朋友、培训师或者心理治疗师一起审视一下你的内心世界。当我们感到不堪重负、生气、焦虑、受到伤害的时候，或者因为当时环境下的某个因素开启的时候，我们就会哭泣。如果你经常哭，你也许会发现，你的想法太消极或者悲观了。工作场所几乎没有什么生死攸关的事情，也没有非常令人震惊、无法作出理智说明的事情。控制你的情感，别让你自己朝最坏的一面想。对那些看起来非常可怕的经历，从积极的角度来思考，那样你就会哭得少些。

- 如果有人在对话中把矛头指向你个人，别上当，纠正他的错误想法，让注意力集中到你们谈话的内容上。你可以这么说："这不是我反应过火的问题，这是我们需要解决的工作问题。"

这是我要做的事 □

致　谢
―― *Acknowledgments* ――

我首先最想感谢的是来自全球各地的读者，是你们推动了乖乖女系列图书广为人知，你们跟朋友分享这些图书，你们为自己的姐妹和女儿购买这些图书，并在读书会中阅读它们，你们还给我发电子邮件提出问题、发表评论，并邀请我在你们的组织中发表演讲。我很感谢你们以多种方式让我知道我的书如何感动你们，如何改变你们的生活。你们当然也深深影响了我。

感谢许多姐妹指出了我在第一版中忽略的问题，并为新版提供很好的建议。我已竭尽全力听取和使用你们的建议和意见。

戴安娜·巴洛尼（Diana Baroni），谢谢你总是推动我只向读者提供最好的东西，谢谢你使这本书首次面世，又支持我在初版十周年时修订它。你的远见卓识为无数女性的生活带来了改变。

感谢 Grand Central 出版社的全体员工，过去和现在的员工都包括在内，他们在打造畅销书的各个环节，从编辑、设计、推广、广告，直到制作和推出，都做得很完美，非常专业。

我要感谢我的作家姐妹们，包括安妮·费舍尔（Anne Fisher）、卡罗尔·弗罗林格（Carol Frohlinger）、帕梅拉·米切尔（Pamela Mitchell）、芭芭拉·斯坦尼（Barbara Stanny）、利兹·科尼什（Liz Cornish）、卡罗琳·凯普彻（Carolyn Kepcher）和利兹·韦斯顿（Liz Weston），感谢你们的友谊、支持和鼓励。

最后，我要感谢我的家人和朋友，感谢你们的鼓励、支持和耐心。你们知道我说的是谁，爱你们每个人。

附录 A

个人发展计划及相关资源
Personal Development Planning and Resources

在做出承诺之前,我们难免犹豫,也会考虑退缩。然而所有进取、创造性的行动都蕴含一个基本的真理,忽略这一真理将扼杀无数的创意与雄图壮志:一旦决定开始行动,老天也会助你一臂之力。……无论你做什么,或梦想去做些什么……开始去做吧。勇往直前之中存在着天才、力量和魔法。

——歌德

现在你已经读完了本书,现在是做出承诺,并为如何实现你的目标制定计划的时候。这也是你学以致用的时候。你可以说要做出改变,但是只有真正行动起来,才会真的有所改观。

回过头来再翻一下前面的章节,看看你在多少处"这是我要做的事"后面的方框打了钩。在完成后面提供的发展计划之前,不妨思考一下,这些"我要做的事"有何共同之处,可以把它们分成 3~5 种你认为对你有最大影响的行为。然后你要做出承诺去做哪些不同的事情。我在个人发展计划表中给出了例子，你可以仿照它制订自己的计划。

不要急于求成，用不着一下子做太多的承诺。眉毛胡子一把抓，就很难获得成功。此外，并非改变的行为越多越好，选择少数几个，事半功倍，岂不更好。我采访过温布尔登网球公开赛冠军朱丽叶·安东尼，她现在是几名网球巡回赛女运动员的教练。我问她，要想让行为发生根本性的变化，有什么秘诀。她告诉我，如果你全力以赴改变一件事情，其他方面自动会随之改变。例如，她不会让运动员一下子全部改变握拍动作、站立姿势和正击动作，因为只需改变握拍动作，站立姿势和正击动作也会随之改变。

这个道理对你同样适用。不要同时想着言简意赅、握手有力和着装得体，这样难免会让你担忧焦虑。每次只做一件事情，然后把它做好。再然后，你会发现，随着时间的推移，其他方面的行为也在发生着微妙的转变。之所以让你在个人发展计划中列出3～5个"我要做的事"，目的就在于：当你掌握一项之后，就可以划掉它，然后继续改变下一项。

你会发现有一列叫作"资源"。我会在后面为你提供一些书籍、课程、文章以及其他资源，帮助你培养技能，向职业成功的目标更近一步。你不用浪费时间做重复的工作，只需浏览我提供的这些资源，选择那些你最感兴趣且最现实可行的即可。别对自己要求过高，那样容易失败。这不是节食，尽你的最大努力，别把事情搞得过于困难，否则说不定一周之后，你就想放弃了。

最后要记住，成长是一个进两步退一步的曲折过程，暂时的退步不用放在心上。根据我那些客户的报告，这种情况一直存在。一开始，你似乎永远无法完全掌握窍门。但不久，它就成了你的第二天性——无意识能力。就像中国哲学家老子所说的那样："千里之行，始于足下。"

剩下的工作就由你完成了。很高兴与你分享我的经验，以及我的客户与同行的经验。如果你愿意把你对本书的评论、你的成功故事和受困之处告诉我,我将不胜荣幸,你可以通过电子邮件与我联系:info@corporatecoachingintl.com。我会回复每一封邮件(尽管有时候我需要多花一点时间),别犹豫,快动笔吧。你的问题理应得到答复,我将非常珍视你的反馈。

个人发展计划

我要做的事	承诺	开始日期	资源
说话更简洁	每次团队会议后向罗伯塔寻求反馈	3月1日	阅读:《你就是你要表达的信息》
	在发言之前,在心里计划好要说什么		
	加入演讲会		

指 导

很明显,我是商业教练的支持者。我亲眼目睹了它是如何帮助优秀的员工在同行中脱颖而出的。潜在客户经常会询问与辅导结果相关的统计数据。从我们公司收集的数据来看,在我们所辅导的员工中,有60%的人在一年内就得到了晋升。另有10%的人在接受辅导后选择离开他们目前的工作和／或雇主，去到更令人满意的职位或更适合他们的公司。在接受辅导的人中，有10%的人在工作中做得比以前更好，但这还不足以让他们被认为是高绩效员工。而在我们的客户中，大约有10%的人，由于他们对这个过程缺乏承诺或其他干预因素，我们没有看到任何变化。

各种各样的因素促成了结果。培训费用是客户支付还是公司支付？如果是后者，那么从辅导过程中获得尽可能多的东西的紧迫感就会降低。客户是否处于一个非常适合他或她的位置？如果不是，再多的辅导也不能使他或她发挥出最大的潜力。进入这个过程的目标是什么？如果是为了晋升，那么晋升的可能性就会增加。如果是为了在当前的位置上得到更好的发展，那么这就是通常会发生的事情。

另一个因素是教练本人。在过去的十年里，教练领域出现了爆炸式的发展。随着如此多的人进入这个领域，不可避免的是，一些人是优秀的教练，而另一些人没有能帮助客户理解商业的许多细微差别的必要经验。教练，就像其他任何领域一样，由拥有各种各样的经验、专业知识和证书的人组成。我的建议是，在投资任何教练之前，你要问他或她以下问题：

- 你从事教练工作多长时间了？
- 成为教练之前，你是做什么的？
- 你有什么特殊的资格证书或执照吗？
- 你的教育经历是什么？
- 你是专业教练协会的成员吗？
- 在我决定与你合作之前，我能否知道你现在或以前客户的姓名和电话号码，我可以打电话给他们作为参考吗？
- 您的费用中包括哪些服务？

- 你认为自己是哪个领域的教练专家?
- 在你的整个职业生涯中,你真的在公司里工作过吗?还是你一直就只做教练的工作?

这些问题的答案会让你知道你面对的是一个经验丰富的专业人士还是一个没有商业背景的新手。我个人认为商业背景很重要——这是我在招聘教练时寻找的东西。有许多心理学家以私人教练的身份进入这个领域,但他们缺乏了解职场动态所需的实践经验。他们可能很有资格帮助你解决与压力或人际关系有关的问题,但如果他们没有经历过公司内部的现实生活,他们可能就没有资格帮助你处理那些有助于成功的微妙问题。

因为我不可能了解所有目前在职的有声望的教练,所以我只能提供一份我个人熟悉的名单给你。与任何服务一样——谨慎购买,责任自负。

Corporate Coaching International

http://www.corporatecoachingintl.com 877-DOC-LOIS

如果我让你推销自己,却忽略了我自己的教练公司,那我算哪门子教练? 1987年,在公司内部或外部的人力资源领域工作了20年之后,我成为了高管培训领域的先驱,并提出了团队培训的概念。这种独特的方法让每个客户都有机会同时或连续与几个具有特定专长的教练合作。我们的重点是领导力发展、团队建设和一对一的辅导。虽然我不再亲自担任教练,但我亲手挑选的继任者帕姆·埃哈特博士是一位ICF认证的教练,在心智领导力、情商、政治头脑和团队发展方面都有专业知识。你可以了解更多关于帕姆和我们其他教练的信息,做一个教练测试,并在我们的网站上找到补充资源。

丽兹·科尼什（Liz Cornish）
First Hundred Days Consulting　707-433-5972
http://www.100days.com
info@100days.com

丽兹是《一炮打响》（*Hit the Ground Running*）一书的作者，她指导从中层到高层的女性管理好工作变动，实现她们的目标，并保持最佳业绩。她帮助那些必须利用人际关系、给出成果、激发信心、启动团队、管理行动的推动力和阻力的领导者，帮助她们做出深思熟虑的明智决策。

明迪·丹娜（Mindy Danna）
Minds for Change, LLC　323-839-7335
mindy.danna@gmail.com

明迪的工作对象是那些在日益复杂的环境和不断升级的工作节奏中寻求改变自己行为的人。她使用的方法揭示了我们如何无意中阻碍了我们想要做出的改变，她帮助人们"摆脱困境"，释放潜力并取得成功。

汤姆·亨舍尔（Tom Henschel）
Essential Communications　818-788-5357
http://www.essentialcomm.com
thenschel@essentialcomm.com

汤姆是国际公认的职场沟通和自我展示领域的专家。他与各层次的专业人士合作，以实现"看得见和听得到的领导力"。汤姆曾在茱莉亚音乐学院接受过古典演员的训练，他帮助客户学习行之有效的技巧，成为企业舞台上有价值的演员。

琳达·诺瓦克（*Linda Novack*）

Novack & Associates　310-454-2886

http://www.Novackandassociates.com

琳达是一位以结果为导向的大师级认证教练。她指导女性领导者在工作中取得最佳业绩，在生活的各个方面取得平衡，并在人生的转变期中把握方向。她在与不同行业的女性高级管理人员合作方面有着丰富的经验。她的专长领域包括：(1) 领导力发展；(2) 沟通和影响技能；(3) 公开演讲技能；(4) 行政仪态；(5) 高绩效、协作型员工队伍的团队发展。

苏珊·毕加索（*Susan Picascia*）　818-752-1787

SPicascia@earthlink.net

作为一名商业教练，苏珊帮助个人克服障碍，以实现最佳的业绩、强大的职业关系以及工作与生活的融合。她与员工和管理层一起工作，以最大限度地减少工作场所的冲突。她还拥有一家私人心理治疗诊所，主要关注与工作相关的问题和职业发展。

克里斯汀·瑞特（*Christine Reiter*）

Time Strategies　626-795-1800

chrisdr@pacbell.net

克里斯汀为那些不断受到文件流和时间管理挑战的客户提供指导。解决方案是根据每个客户的需求而定制的,以便更好地管理文件、时间和技术资源。对于那些因传统的时间和文件管理方法而感到沮丧的客户,他们采用了突破性的技术。

推荐阅读

在本书中,我提到了一些书籍和文章,我相信这些书籍和文章将帮助你在我们所提到的许多领域获得更高的技能。为了方便大家,我将这些书籍和文章总结如下,同时也包括了其他一些我认为有价值的书籍和文章。

书 籍

Adams, Marilee. *Change Your Questions, Change your Life: 10 Powerful Tools for Life and Work*. San Francisco: Berrett-Koehler, 2009.

Ailes, Roger. *You Are the Message: Getting What You Want By BeingWho You Are*. New York: Crown Business, 1989.

Bailey, Deborah. *Think Like an Entrepreneur: Transforming Your Careerand Taking Charge of Your Life*. Bright Street Books, 2010.

Bateson, Mary Catherine. *Composing a Life*. New York: Plume, 1990.

Bradberry, Travis, and Jean Greaves. *Emotional Intelligence 2.0*. SanDiego: TalentSmart, 2009.

Brandon, Rick, and Marty Seldman. *Survival of the Savvy: High-Integrity Political Tactics for Career and Company Success*. New York: Free Press, 2004.

Brown, Brené. *The Gifts of Imperfection: Let Go of Who You Think You're Supposed to Be and Embrace Who You Are*. Center City, MN: Hazelden, 2010.

—. *I Thought It Was Just Me (But It Isn't): Making the Journey from "What Will People Think?" to "I Am Enough."* New York: Gotham, 2007.

Bundles, A'Lelia. *On Her Own Ground: The Life and Times of Madam C. J. Walker*. New York: Scribner, 2002.

Chamine, Shirzad. *Positive Intelligence: Why Only 20% of Teams and Individuals Achieve Their True Potential and How You Can Achieve Yours*. Austin, TX: Greenleaf, 2012.

Cornish, Liz. *Hit the Ground Running: A Woman's Guide to Success for the First 100 Days on the Job*. New York: McGraw-Hill, 2006.

Edmondson, Ella L. J. *Career GPS: Strategies for Women Navigating the New Corporate Landscape*. New York: Amistad, 2010.

Feldhahn, Shaunti. *The Male Factor: The Unwritten Rules, Misperceptions, and Secret Beliefs of Men in the Workplace*. New York: BroadwayBusiness, 2009.

Fisher, Roger, and Daniel Shapiro. *Beyond Reason: Using Emotions as You Negotiate*. New York: Penguin, 2005.

Fisher, Roger, and William Ury. *Getting to Yes: Negotiating Agreement Without Giving In*. New York: Penguin, 2011.

Frankel, Lois P. *See Jane Lead: 99 Ways for Women to Take Charge at*

Work. New York: Warner Business, 2007.

——. *Stop Sabotaging Your Career: 8 Proven Strategies to Succeed—In Spite of Yourself*. New York: Warner Business, 2007.

——. *Women, Anger, and Depression: Strategies for Self-Empowerment*. Deerfield Beach, FL: Health Communications, 1991.

Frankel, Lois P., PhD and Carol Frohlinger, JD. *Nice Girls Just Don't Get It: 99 Ways to Win the Respect You Deserve, the Success You've Earned, and the Life You Want*. New York: Harmony, 2011.

Green, Charles H., and Andrea P. Howe. *The Trusted Advisor Field Book: A Comprehensive Toolkit for Leading with Trust*. Hoboken, NJ: Wiley, 2011.

Heim, Pat, and Susan K. Golant. *Hardball for Women: Winning at theGame of Business*. Rev. ed. New York: Plume, 2005.

Hollands, Jean. *Same Game, Different Rules: How to Get Ahead WithoutBeing a Bully Broad, Ice Queen, or "Ms. Understood."* New York: McGraw-Hill, 2001.

Houston, Phillip, Michael Floyd, and Susan Carnicero. *Spy the Lie: Former CIA Officers Teach You How to Detect Deception*. NewYork: St. Martin's Press, 2012.

Kayser, *Thomas A. Mining Group Gold: How to Cash in on the Collaborative Brain Power of a Team for Innovation and Results*. 3rd ed. New York: McGraw-Hill, 2010.

Klaus, Peggy. *Brag! The Art of Tooting Your Own Horn Without Blowing It*. New York: Warner, 2003.

Kolb, Deborah M., Judith Williams, and Carol Frohlinger. *Her Placeat the Table: A Woman's Guide to Negotiating Five Key Challenges to*

Leadership Success. San Francisco: Jossey-Bass, 2010.

Maister, David H., Charles H. Green, and Robert M. Galford. *The Trusted Advisor*. New York: Touchstone, 2001.

Marshall, Lisa B. *Smart Talk: The Public Speaker's Guide to Success in Every Situation*. New York: St. Martin's Griffin, 2012.

McGinty, Sarah Myers. *Power Talk: Using Language to Build Authority and Influence*. New York: Business Plus, 2002.

Mitchell, Pamela. *The 10 Laws of Career Reinvention: Essential Survival Skills for Any Economy*. New York: Dutton, 2010.

Patterson, Kerry, Joseph Grenny, Ron McMillan, and Al Switzler. *Crucial Conversations: Tools for Talking When Stakes Are High*. New York: McGraw-Hill, 2011.

Reardon, Kathleen Kelley. *The Secret Handshake: Mastering the Politics of the Business Inner Circle*. New York: Crown Business, 2002.

Sandberg, Sheryl. *Lean In: Women, Work and the Will to Lead*. NewYork: Knopf, 2013.

Siegel, Daniel J. *Mindsight: The New Science of Personal Transformation*. New York: Bantam, 2011.

Silver, Susan. *Organized to Be Your Best!: Transforming How You Work*. Los Angeles: Adams-Hall, 2006.

Stone, Douglas, Bruce Patton, Sheila Heen, and Roger Fisher. *Difficult Conversations: How to Discuss What Matters Most*. New York: Penguin, 2000.

Thaler, Linda Kaplan, and Robin Koval. *The Power of Nice: How to Conquer the Business World with Kindness*. New York: Crown Business, 2006.

Ury, William. *Getting Past No: Negotiating in Difficult Situations*. New York: Bantam, 2002.

Weston, Liz. *The 10 Commandments of Money: Survive and Thrive in the New Economy*. New York: Plume, 2011.

Wilson Schaef, Anne. *Women's Reality: An Emerging Female System in a White Male Society*. New York: Harper One, 1992.

文 章

Barron, Lisa. "Ask and You Shall Receive? Gender Differences in Negotiators' Beliefs About Requests for a *Higher Salary*." *Human Relations*. June 2003.

Hewlett, Sylvia Ann, Lauren Leader-Chivee, Laura Sherbin, Joanne Gordon, and Fabiola Dieudonne. "Executive Presence." Center for Talent Innovation, 2012.

Ibarra, Herminia, Nancy M. Carter, and Christine Silva. "Why Men Still Get More Promotions Than Women." *Harvard Business Review*. September 2010.

Kotter, John, "What Leaders Really Do." *Harvard Business Review*. December 2001.

Network of Executive Women. "Affinity Networks: Building Organizations Stronger Than Their Parts." 2006.

Slaughter, Anne-Marie. "Why Women Still Can't Have It All." *Atlantic*. July/August 2012.

附录 B

读书会讨论问题
—— Book Club Guide ——

1. 作者说的"乖乖女"是什么意思？

2. 你小时候听说过女孩应该如何表现吗？这些信息与你的兄弟收到的信息有什么不同？

3. 如果你收到的信息是女孩可以做任何事情，那么这个信息在工作场所是如何被强化或否定的？

4. 媒体对女性的描绘（电影、广告、电视等）如何影响你对自己的看法和别人对你的期望？

5. 作者认为职场是一个充满规则、界限和策略的竞技场。对特定的人或群体来说界限变窄意味着什么？在你的工作场所，男性和女性的规则和界限有什么不同？又有什么相同？

6. 在自我评价中，你哪方面的得分最低？最高？你的经历如何验证这些分数？

7. 你最认同书中的哪三个错误？为什么？

8. 对你来说最难实施的指导建议是什么？为什么？如果你真的实施了，会有什么积极的结果？负面影响又是什么？

9. 对你个人来说，在实现职业目标的过程中最大的挑战是什么？你能做些什么来迎接挑战？

10. 你能做些什么来促进改变，让职场对下一代女性更加友好？

11. 你在工作中犯过哪些错误，或者你看到其他人犯了哪些作者没有讨论的错误？你会如何指导别人克服这些挑战？

12. 读了这本书之后，你会为自己设定哪些目标？你如何衡量成功？

13. 在你的生活中，你能指望谁帮你实现你的目标？你需要远离哪些"唱反调的人"？

14. 作者相信"一人教一人"这句格言。从你读过的书中，你能教给别人什么东西来帮助她们实现目标吗？